胎児性水俣病患者たちはどう生きていくか

〈被害と障害〉〈補償と福祉〉の間を問う

野澤淳史

世織書房

胎児性水俣病患者たちはどう生きていくか

〈被害と障害〉〈補償と福祉〉の間を問う

野澤淳史

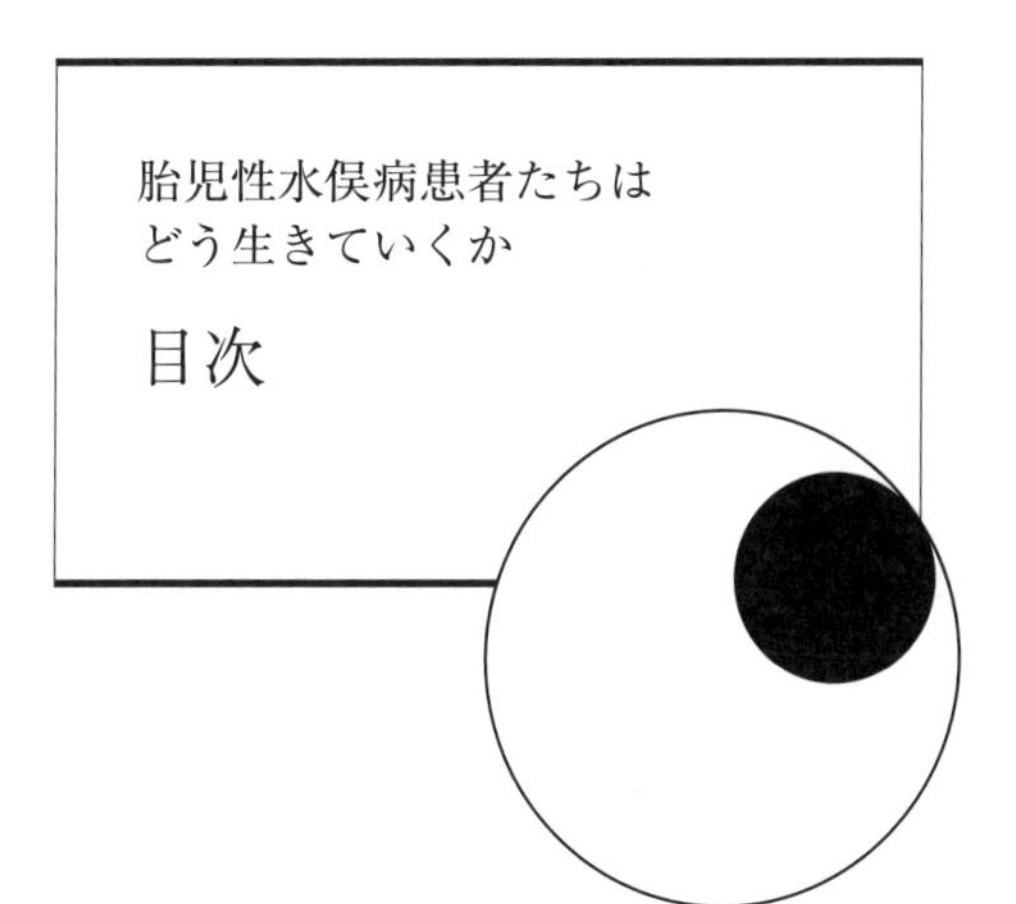

胎児性水俣病患者たちはどう生きていくか

目次

第3章 胎児性患者たちの自立と支援の変遷――59

資料――183

【凡例】

一、引用文献や映像の中で実名、またはイニシャルで登場している患者については、そのまま掲載している。

一、本文中に「(資料A……)」とある場合は資料編にその文献が掲載されている。

一、本文中、文献の数字表記を漢数字から算用数字に変換している場合がある。

一、水俣病を引き起こした企業であるチッソは、次の通りこれまで何回か社名を変えている。本書では一貫して「チッソ」と記した。

一九〇七(明治四〇)年日本カーバイド商会(設立)、一九〇八年日本窒素肥料株式会社、一九五〇(昭和二五)年新日本窒素肥料株式会社、一九六五(昭和四〇)年チッソ株式会社、二〇一一(平成二三)年、持ち株会社となる。

胎児性水俣病患者たちはどう生きていくか

〈被害と障害〉〈補償と福祉〉の間を問う

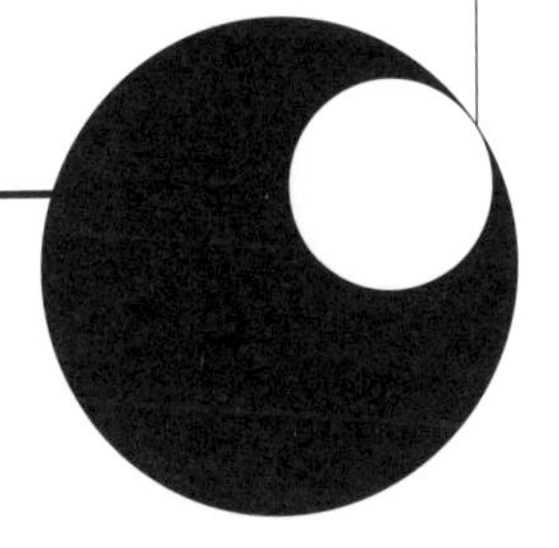

はじめに

1　御手洗鯛右の闘い

御手洗鯛右（みたらいたいすけ）という水俣病患者が記した『命 限りある日まで――水俣病・障害との闘い』（葦書房、二〇〇〇）という自伝から本書の主題を説き起こしていく。

御手洗は一九三六年、三人兄弟の末っ子として大分県に生まれ、鹿児島県阿久根市や出水市で育った。生後ポリオ（小児麻痺）と診断されており下肢に障害がある。青年期は「すべての身障者に職業を与えて下さい」と大書した布を改造三輪車の後輪の横にくくりつけ、日本全国を一周しながら障害者運動に身を捧げた。一九七〇年を過ぎた頃、水俣病に関する記事を読んだことがきっかけで上肢の不調が水俣病であることを自覚するにいたる。出水市で母親が料亭を営んでいた幼少期、御手洗は魚を多食していた。そこで水俣病の認定申請を鹿児島県に対して行うが県はこれを棄却した。一九七三年に県から水俣病認定申請の棄却処分通知を受け取った後、その決定に対する不服審査請求を行ったがこれに対する県の弁明書には次のように書かれていたという。

視野狭窄は確かに認められるが、二歳のころポリオに罹患し、また昭和四一年に原因不明の意識障害があったので、それらによっても脳障害の症状として視野狭窄の可能性がある。万一、有機水銀の影響と仮定しても、他に水俣病の症状が全くないから、この点についての自覚的な訴えもない以上、眼科の所見だけで水俣病とする根拠はない（御手洗、二〇〇〇：一八五）。

認定審査会はポリオであることを理由として御手洗が水俣病であることを否定した。ここから約四半世紀にわたる水俣病との闘いが始まる。一九九五年、水俣病とは認定しないこと、行政の加害責任を認めないことを条件として、未認定患者に対する政治解決が実施されたが、御手洗はこれを拒否して認定棄却処分取消訴訟の道を続けた。最終的には一九九七年に福岡高裁で勝訴が確定し、県知事は御手洗を患者として認定した。

これで終わったかのように見えた水俣病との闘いはその後も続く。水俣病認定患者はその症状の軽重によりA、B、Cという三つのランクに分けられるが、これに不服があったり症状が悪化したりした場合その変更を申し出ることができる。Cランクであった御手洗は二回ランク変更を申し出たがいずれも棄却されている。その時の理由もまた小児麻痺であった。この決定について「本当にばかげている。腰から下は確かに小児麻痺だが、一八歳の秋頃から両手の末梢部にかけてシビレと感覚麻痺がおこりギターとハーモニカが弾けなくなり、実に困った。ハーモニカは唇と舌がシビレてきて、自由に音楽が弾けなくなったからである。そして唄も歌えなくなった」（同前：一九五）と回想している。障害者で（も）あることは被害判定において消極的に評価される要因であった。水俣病被害を証し立てようとすると、障害が被害を否定あるいは薄めるための方便として用いられた。

この本の副題に見られるように御手洗の人生は二つの時期に区切ることができる。第一の人生は――この本の第一章が「ポリオとの闘い――幼年時代」と題されているように――ポリオによる下肢の麻痺に伴う困難との闘いであり、第二の人生は水俣病との闘いであった。

しかし、これらの闘いは質的に同じではない。潜在患者の発掘と加害責任の追及に奮闘し被害者運動を率いた川本輝夫が、水俣病患者は「日常の闘病の上に、水俣病にまつわる障害（現在では主に認定制度）との闘いを嫌でもしなければならなかった」（川本、一九七九：七三四）と述べているように、御手洗にとって第二の人生は、水俣病という病との闘いであると同時に、あるいはそれ以上に、水俣病であることを否定する認定制度との闘いでもあった。

2　被害の周辺としての障害

認定制度との闘いにおいて、被害と障害は、ときに対立しあう関係にあった。

御手洗の人生において以上のような形で現れた被害と障害の関係性を、学問的な問いとしてどのように引き受けることができるだろうか。本書は、一方に被害とは何かを問い続けてきた環境社会学を置き、もう一方に障害とは何かを問い続けてきた障害学を置くことで水俣病被害における障害の位相を浮かび上がらせ、それに対する補償の変遷と現在的課題を論じていく。これら二つの学問の関連性については第二章で議論する。ここでは本書が基本的な枠組みとして依拠する環境社会学という学問分野の出自についてふれたい。

水俣病の公式確認は一九五六年五月一日とされるが、日本の社会科学はその発生初期の段階からこの問題と向きあってきたわけでは必ずしもない。一九七六年に発足した「不知火海総合学術調査団」に参加した政治学者の石田雄は、公害問題に関する社会科学的分析は都留重人や宮本憲一など少数の経済学者が行っているのみで、『公害の政治学――水俣病を追って』を書いたのは工学を大学で専攻していた宇井純であるという現状は「日本の政治学者の怠慢を示す以外の何物でもない」(石田、一九八四：二二〇)と嘆いている。しかし、ここでいわれているのは水俣病をはじめとする公害問題に関する論文や書籍の数の多少のことではない。社会科学者に要請されているものとして「今日的問題状況への鋭敏な感受性を持ち、どのような価値的前提を採るか」(同前)をあげる石田は、水俣病公式確認から三〇年を前にして、現代社会の問題を集約的に示している水俣の現実に社会科学者がその社会的責任を果たしてきたかどうかという反省的な問いを投げかけた。石田自身もまた、差別の所産である水俣病問題の「社会的・政治的要因を一九八〇年(昭和五五年)の今日においてしか分析できないという点について、社会科学者の一人として社会的責任を痛感する」(石田、一九八三：四三)と自省している。

石田は別稿で、このような価値的前提を採ることを「『周辺から』の思考」(石田、一九八一)と名付けている。その一例として一九六二年から六三年にかけてチッソ水俣工場で展開された安定賃金闘争をあげている。この闘争でチッソは会社寄りの新労組（第二組合）を作り、労組（第一組合）所属の労働者を配置転換するなどして冷遇していった。そうした扱いを受ける中で、第一組合はチッソ水俣工場から長年にわたり差別されてきた患者の存在に気づき、一九六八年、水俣病に対し何もしてこなかったことを恥として宣言し、以降患者との連帯を強くしていく。加害者の側にいる人たちもひとたび自分が差別される側にいることを意識すれば、第一組合のように患者の側に立つ周辺からの思考が成立する。中央の考えを疑うことなく受け入れ、結果、無意識的にであれ周辺的な部分を差別・抑圧する視角を採用するのか、それとも周辺の側に立つことで中央に対してその問題性を問う姿勢を採用するのか。周辺からの問い直しに対する感受性を失ったとき、社会科学者は強者の価値観に関わっているという意識を持たなくても、それを正当化する役割を担う。

さて、前掲の石田（一九八四）の書籍が出版された同じ年、こうした反省を引き受けるかのように一冊の本が出版されている。日本の環境社会学の創設者の一人である飯島伸子の『環境問題と被害者運動』（学文社、一九八四）である。この本の中で飯島は次のように述べている。「加害企業からも行政からも、そして学問一般からも等閑視されている被害の分析をとくにとりあげ、その社会構造との関係を探ることにしたい」（同前：八〇）。飯島は「等閑視」という言葉を用いて、学問がいまだ向きあっていない被害の領域があるという。学問もまた公害被害に向きあってこなかった。その意味することがらは飯島の環境社会学の位置づけ方に端的に表れている。

原点としての居住者（生活者、被害者）の視点からの発想に基づく実態の総合的な把握――これが、日本における環境社会学の現時点での特徴であり、独自性であると考える（飯島、一九九四a：八）。

被害という言葉にこのような価値的前提を織り込んだ環境社会学という試みは、石田のいう周辺からの思考という表現がぴたりと当てはまる。被害者の側に立ち公害・環境問題の実像を描き出す。この点において被害はいまだ未解明である。環境社会学は被害者の側に立つという価値的前提に自覚的であることを通して、社会科学の問題として公害・環境問題と向きあう学問として始まった。

日本における環境社会学はその前身である環境社会学研究会が設立された一九九〇年以降本格的に展開されていくが、本書は環境社会学の始まりを、価値的な前提として被害者の側に立つことが被害という言葉に織り込まれた一九八四年という年まわりに見ている。環境社会学とそれまでの公害問題に関する社会学的研究との差は、被害者の側に立つということを学問的前提として自覚的に共有しているかどうかにある。厳密にいえば一九八四年に日本で環境社会学が始まるわけではないが、社会科学者の反省的な問いかけに対する応答という意味で、その象徴的な始まりと見ることもできる。

しかし、この「周辺からの思考」の要点は、それを確立することにより常にその周辺を生み出すというところにある。石田は、周辺からの視角を確立するということは差別と抑圧の連鎖が無限である以上、無限の努力を要する点に注意を促している（石田、一九八一：一一一～一一二）。それは、周辺からの思考の破綻ではなく、ある特定の価値的前提に自覚的である以上必然的に生じる死角である。同様に、被害という視座からも見通すことのできない周辺が存在する。特定の価値的前提を採用する学問であるゆえに、その周辺にある問題への感受性が求められる。

被害と向きあう環境社会学にとって障害はそのような位置にあるのではないか。ともすれば環境社会学においても被害と障害の関係は対立的なものになりかねない。本書では御手洗が水俣病との闘いの中で経験したことをこのように学問的問いとして変換し、水俣病被害の問題を複眼的に捉えていくために、環境社会学に依拠しながらも障害学を援用することで被害の周辺からの思考を試みる。

3　本書の構成

本書は六つの章から構成される。

第一章では、公式確認から六〇年を過ぎた水俣病問題の歴史を概説し、その補償制度を紹介する。また、本書の主題である胎児性・小児性水俣病患者（以下、「胎児性患者たち」と記す）について、その表現や位置付づけに関する筆者の見解を示す。

第二章では本書の枠組みを提示する。まず、日本の環境社会学における基礎的な視座である被害とその理論的成果である被害構造論を確認する。環境社会学は被害者個々人の経験する困難に立脚しながら、認定基準や補償金から見落とされてしまう被害のあり様、そしてその多様な現実を描き出してきた。しかし、それが周辺からの思考である以上、そこからはよく見通せない問題がある。その一つに胎児性患者たちの自立という課題がある。被害者の象徴として視線を向けられてきた胎児性患者たちの認定補償後の生活の課題は学問的にも見過ごされてきた。しかし、被害の周辺にそのような問題があるとしてなぜそれが障害、しかも障害学におけるそれなのか。これらについて議論したうえで、被害という視座からは見えない位置にある胎児性患者たちの自立という課題を「ディスアビリティとしての被害」と名付ける。

だが、認定補償という水準とは別に、胎児性患者たちは何を訴え続け、それはどのような形で支援されてきたのか。あるいはされてこなかったのか。第三章では、胎児性患者たちが水俣病被害の象徴であったがゆえに剥奪されてきた自立の意味内容とその支援の変遷を運動的側面からたどっていく。以上を明らかにしたうえで、現在、胎児性患者たちがどのような支援のもとで日常生活を送っているのかを確認する。

第四章では、被害補償における福祉という言葉の系譜を政策的な観点から歴史的に明らかにしていく。第三章では胎児性患者たちとその支援者の視点から自立をめぐる訴えとその支援の変遷を捉え、その現在地としての福祉対策を確認するが、そもそも、水俣病被害補償の枠組みの中で福祉という言葉はどのような意図を持って用いられてきたのか。それがどのような文脈で用いられ、誰を対象とするのかは、水俣病問題に対する国の立場や政治的な展開の中で変遷しており一様ではない。そこで、この章では水俣病被害補償における福祉施策の歴史的展開を踏まえながら、福祉という言葉が水俣病問題の解決全体において持つ意味内容とその意図を、三つの時期に分けて捉えていく。

第五章では、以上の議論を踏まえて、水俣病対策に福祉の領域が増すにつれて懸念される中央省庁間の「股裂き」という事態を手掛かりにして、胎児性患者たちの日常生活を支援する団体の現在の活動から被害補償と障害福祉サービスの関係を捉える。そのうえで、本書が論じてきた問題は補償なのか福祉なのか、どちらの側に置くことが解決に繋がるのかを本書の結論として示す。

第六章では本書のまとめとして、なぜ被害という視座からは胎児性患者たちはよく見えない位置にあったのかについて、被害と障害の重なりあう領域に浮かび上がるより構造的な問題として捉えたうえで、改めて本書の結論を提示する。まず、熊本水俣病を「教訓」に新潟水俣病対策の一環として行われた受胎調節指導について述べる。次に、この時代の先天的な障害児者に対する処遇の変遷をたどり、そこで当時社会問題化していた公害や薬害がどのように認識されていたのかを確認したうえで、脳性マヒ者の団体である「青い芝の会」と反公害運動の間に瞬間的に生まれた対立の構図にふれる。ここで反公害運動やその後の環境運動が孕む「日常の優生思想」の存在が明らかになる。これを踏まえたうえで前章の結論を批判的に検討し直す。最後に、反公害運動と同時期に提起されていながらそのままに積み残してきた先天性(胎児性)という問いを出発点として、「日常の優生思想」と向き合うため環境社会学をどう組み替えていくかを見通して本書を終える。

本書は日本の環境社会学が問い続けてきた「被害とは何か」という問題意識を共有している。しかし、本書がこれから明るみに出していくのは、被害という視座からだけではよく見通すことのできない問題である。その意味で被害という問題意識を超えている。本書がめざすのは、環境社会学から障害学の方へと越境を試みることで、最終的に被害と障害の重なり合う領域が存在することを示すことにある。

一人の人間が、環境社会学の側からは被害者と、障害学の側からは障害者と名付けられる。前者は被害補償制度の、後者は障害者福祉制度の対象となる。こうした学問的・政策的垣根を取り払う道筋を双方の学問に向けて示してゆきたい。

第1章・水俣病問題の概要

1　水俣病事件史

水俣病は公式確認されてからすでに六〇年以上が経過しているが今なお解決していない。より正確にいえば、水俣病問題はその長い歴史の中で幾度も終わりを迎えてきた。しかし、その度に新たな始まりを見てきた。ここでは、水俣病問題の歴史を、繰り返される始まりと終わりという観点から概説する。

1　前史

水俣病の公式確認は一九五六年だが、その原因企業であるチッソと水俣との関係はそれよりもさらに五〇年ほど遡る。一九〇六年、後にチッソの創設者となる野口遵（したがう）は鹿児島県伊佐郡大口村に曽木滝を利用した水力発電を行う曽木電気を、その翌年には窒素肥料の生産を行う日本カーバイド商会を設立した。そして一九〇八年、水力発電の余剰電力を利用してカーバイドを製造するため、これらを合併し熊本県葦北郡水俣村に日本窒素肥料株式会社を発足させた。

ここにチッソと水俣との一〇〇年を超える歴史が始まる。野口は当初、カーバイド工場の建設を鹿児島県米ノ津に予定していた。しかし、水俣村は日露戦争の戦費を賄うために始められた政府（国）の塩の専売により消失した塩田の跡地と、米ノ津から水俣までの電線と電柱を寄付することを条件に工場の誘致に成功した（後藤、一九九五：一三〜一七）。水俣工場は一九〇九年一月に完成している。当時、「会社」と呼ばれたチッソ水俣工場は不知火海周辺の人びとを吸収、とりわけ天草諸島から多くの「会社行き」が現れた（石牟礼、一九六九＝二〇〇四：二八九〜三〇一）。水俣工場は新技術の導入や化学肥料の需要増によりその規模を拡大していく。これにともなって人口も増え、一九一二年には水俣町となる。第一次世界大戦が始まるとそれまで日本市場の大半を占めていたイギリスからの硫安などの肥料の輸入が途絶え市場価格が高騰、国内原料と自家発電により製造していたチッソは大きな利益を上げる。一九一八年には新工場が完成した。その後チッソは朝鮮へと進出し、世界屈指の化学コンビナートやダム、水力発電所からなる興南工場を建設し、新興財閥としての地位を固めていった。

興南工場で肥料生産が開始されるようになると国内ではカーバイドの新しい用途が模索されるようになる。一九三二年、アセトアルデヒドを中間製品とする合成酢酸設備の稼働が水俣工場で開始された。ここで触媒として硫酸水銀が用いられ、その副反応として水俣病を引き起こす原因物質のメチル水銀が生成され、排水として無処理のまま百間港（水俣湾）へと放流され始める。一九三五年には酢酸部門の生産量は全国生産の五〇％に達する。工場はさらに拡大を続け、一九四一年には水俣工場が日本で最初の塩化ビニール製造を開始する。しかし、第二次世界大戦でアメリカ軍の空襲により工場は破壊され製造は停止、敗戦により主力工場であった朝鮮興南工場など海外資産の多くを失ってしまう。

戦後、チッソは再起の拠点を水俣工場に置き、そこに多くの技術者や労働者が引揚げてくる。一九四六年にはアセトアルデヒド・合成酢酸工場での製造が再開、同時に排水も再び無処理で放出され始める。人口もさらに増え、一九四九年には水俣市となる。一九五〇年にチッソは新日本窒素肥料株式会社（以下、「新日窒」と記す）として再発足し、日本の化学工業のトップの座を占めるにいたった。

2 水俣病の公式確認と問題の沈静化

一九五六年五月一日、新日窒付属病院院長細川一らにより、原因不明の神経疾患患児の続発が水俣保健所に報告された。後にそれ以前にも患者が発生していたことが確認されるが、現在、この日が水俣病発生の公式確認の日となっている。以降六〇年を超える歴史が始まるわけだが、これが早期に事態の収束へと向かわなかった背景には行政の対応の遅れがある。

公式確認当時は原因がわからず「水俣奇病」と呼ばれたこの問題の究明は、水俣市奇病対策委員会から熊本大学医学研究班へと引き継がれる。一九五六年一一月、研究班は、奇病は伝染病ではなくある種の重金属中毒で人体への侵入は魚介類による、汚染源としては新日窒水俣工場が最も疑われるとした。翌五七年八月、熊本県は、厚生省公衆衛生局に食品衛生法第四条（当時）適用によるによる漁獲禁止措置の可否を照会した。だが、これに対し厚生省は翌月、「水俣湾内特定地域の魚介類がすべて有毒化している明らかな根拠は認められない」として適用不可と回答した。その後、セレンやタリウム、マンガンなどさまざまな化学物質が疑われてはこれを否定する原因論争が続くことになる。この間の一九五八年九月、チッソはアセトアルデヒド排水経路を百間排水路から水俣川河口へ変更した。これにより排水が水俣湾を経由せず直接不知火海に直接流出し、被害の発生がさらに拡大していく。一九五九年七月に熊大は有機水銀説を公表、また厚生省食品衛生調査会に設置された水俣食中毒部会が一一月に「水俣病の原因は湾内周辺の魚介流中のある種の有機水銀化合物」と大臣に答申した。しかし、当時通産相を務めていた池田勇人は「有機水銀が工場から流出との結論は早計」と批判し、答申と同日に水俣食中毒部会は解散させられる。水俣病被害の拡大を防ぎえたかもしれないこの時期、行政当局は無策であった。

一九五九年一二月三〇日、工場前で座り込みを続けていた水俣病患者家庭互助会とチッソの間にいわゆる「見舞金契約」が結ばれ、成人一〇万円、未成年三万円の年金（年額）が支払われることになった。これで問題が解決したわけではなかったが、経済的な「補償」が一定程度なされたこと、水俣病の発生は一九六〇年で終わったとするいわゆる「三五年終了説」（徳臣他、一九六二）が通説となったこと（原田、一九七二：一四八～一五三）、そして、一九六〇年代に入り本格的に始まる高度成長という時代の雰囲気の中で社会からの関心は薄れ、水俣病患者は沈黙を強いられることになる。一九六五年、新日窒は社名をチッソ株式会社と変更する。

３　公害認定から補償の確立へ

一九六八年九月、厚生省は「水俣病に関する見解と今後の措置」を発表、「熊本水俣病は新日窒水俣工場で生成されたメチル水銀化合物が原因」と断定した。一九五六年の公式確認から一二年経ち国は水保病を公害病として正式に認めた。その直前の五月、チッソ水俣工場は電気化学から石油化学への転換という理由でアセトアルデヒド製造工程を停止させている(1)。チッソ水俣工場の製品は高度経済成長の鍵となる素材であるプラスチック、とりわけ塩化ビニールの製造技術を有し、プラスチックに柔軟性を与える可塑剤を唯一独占製造していた。先進国に追いつきそして追い越すためには、石油化学工業が台頭するまでの間チッソ水俣工場の稼働を続けさせること、すなわち排水を停止させないことはひとつの国策であった(栗原、二〇〇〇)。水俣病を含む諸公害は高度成長という光に対する陰であるといわれることがあるが、高度成長の結果として水俣病が発生したわけではない。逆である。水俣病の発生という前提条件の結果として高度成長がある(岡本、二〇一五a：一二二)。水俣病が公害として公式に確認された一九六八年、日本のＧＮＰ(国民総生産)は当時の西ドイツを抜いて西側世界では米国に次ぐ第二位となった。公式確認から公害認定までの一二年間は、「もはや戦後ではない」と経済白書で謳われた一九五六年から「豊かさ」を獲得した一九六八年と重なっている。

ここから水俣病問題は再び始まる。日本社会が「豊かさ」を獲得したこの時期、公害に対する世間の関心は高まり、それとともに支援活動が活発化していく。一九六八年一月、水俣に新潟水俣病患者や支援者・弁護士の水俣への来訪に合わせて初めての患者支援団体「水俣病対策市民会議」(その後一九七〇年八月に「水俣病市民会議」と改称)が結成される。その後、患者への補償処理をめぐって厚生省が第三者機関に一任する旨の確約書の提出を水俣病患者互助会に求めたことにより、会は一任派と訴訟派に分裂する。訴訟派は一九六九年六月、患者・家族二九世帯一一二人が原告となり、チッソを相手取りその責任と損害賠償を求めた水俣病第一次訴訟を起こす。この直前の四月に「水俣病を告発する会」が熊本市で発足している。一方、一九七〇年五月、一任派に対して厚生省の補償処理委員会が出した斡旋案が低額かつ企業責任にふれなかったことに対して熊本や東京の支援者が抗議の座り込みを行い、これを契機として翌月「東京・水俣病を告発する会」が結成される。一九七二年に入り原告側勝訴の見通しがつくようになると、これからの患者の生活とその支援のあり方が議論されるようになり、判決後の一九七四年四月、患者・家族の拠り所として水俣病センター「相思社」がその活動を開始した。

一九七三年三月に水俣病第一次訴訟の一審判決が出され患者側が勝訴、チッソが控訴しなかったため認定患者に対するチッソの補償責任が確定した。判決ではチッソの過失責任が認められ、見舞金契約は公序良俗に反するとして無効となった。同年七月、自主交渉派に訴訟派が合流して結成された東京交渉団とチッソとの間に補償協定が締結される。翌年には公害健康被害補償法（以下、「公健法」と記す）[2]が制定され、これによって認定から補償へと至る道筋が整う。これ以降水俣病患者への補償をめぐる議論が本格化していく。なお、今後新たに認定される患者についても希望する者には補償協定が適用されることになったため、水俣病認定患者は公健法に基づく給付ではなく補償協定に基づく給付を選択している[3]。

4　未認定患者の増大と政治解決

認定補償が確立した一九七〇年代半ば以降は未認定患者運動が本格化していく。その転機に「第三水俣病事件」がある。一九七三年五月、熊本大学の水俣病研究班が汚染地区と比較するための対象地区として選んだ天草郡有明町に水俣病に見られる症状を持った人が複数見つかり、これが報道されると全国に水銀パニックが起きた。最終的に第三水俣病は環境庁が発足させた調査委員会によって否定され沈静化するが、単一の症状を認定の要件とする、いわゆる「昭和四六年事務次官通知」（資料B）に対する反動を招く。当時は認定患者増大による補償費が膨らんだことなどによりチッソの倒産が現実化していた時期でもあった。一九七七年、環境庁は症状の組み合わせを認定の要件とするいわゆる「昭和五二年判断条件」（資料F）へと変更し、基準を厳格化させる。

これにより認定申請者の処分が進み、その結果多くの未認定患者が発生した。水俣病であることの確認と損害賠償を求めて未認定患者が提起した水俣病第二次訴訟（一九七三年一月提訴）福岡高裁判決（一九八五年）では、複数の症状を条件とする昭和五二年判断条件の厳格さが批判された。これに対して国は、基準は妥当であるとしたものの、それに合致しない人びとに留意する必要があるとの見解を示す。当時、チッソに加え、国・県に対し水俣病であることの確認と損害賠償を求めて提起された水俣病第三次訴訟（一九八〇年五月提訴）が全国展開され大規模化するなど、国は増大する未認定患者への対応を迫られていた。未認定患者問題は、最終的に、一九九五年から九六年にかけて約一万一千人を対象として実施された政治解決（和解）へといたる。だが、この解決策の対象者も水俣病患者としては認定されず給付額も低額であった。また、閣議了承された水俣病政府解決策と同時に出された首相談話では、結果として対応に長期間要したことの反省のみで国の行政責任は認めないものであった。

5　二〇〇〇年以降の動向

水俣病公式確認から四〇年、これで問題が解決したかのように見えた。しかし、政治解決が責任の所在を曖昧にしたものであったため、和解の道を選ばず国家賠償訴訟を続行したチッソ水俣病関西訴訟団が二〇〇四年に最高裁判決で勝訴した。判決では一九六〇年以降国と熊本県が規制権限を行使しなかったことの不作為の違法性が認められた。これにより、公式確認から五〇年を前にして水俣病拡大に対する行政の賠償責任が初めて確定した。

この関西訴訟判決を契機として、多くの未認定患者が新たに認定申請を行い、またいくつかの訴訟が提起され原告の数も増大していった。しかし、判決後早々に認定基準の見直しは行わないと環境省が明言したことにより行政と司法の二重基準の問題が発生、認定審査会は機能停止に陥った。結果、二〇〇八年一一月、未処分者は新潟も含め六千二四八人に達し、過去最多だった一九七八年度を上回った。こうした事態に対処すべく、国は二〇〇九年七月に「水俣病被害者の救済及び水俣病問題の解決に関する特別措置法」（以下、「特措法」と記す）を成立させ、一九九五年の政治解決の時と類似の対策を二〇一〇年五月から二〇一二年七月にかけて実施した。これには水俣病が発生した熊本・鹿児島両県、そして新潟県から六万五千人にのぼる申請があり、司法和解と合わせて最終的に約三万五千人が対象となった。

しかし、「地域における紛争を終結させ、水俣病問題の最終解決を図り」と謳った特措法後も水俣病問題は解決にいたっていない。

第一に特措法に基づくチッソ分社化の問題がある。二〇一〇年一一月、チッソは特措法第九条（事業再編計画）に基づき事業再編計画を環境省に対して提出、翌年四月にはＪＮＣ（Japan New Chisso）という一〇〇％出資の子会社を設立してチッソから液晶製造などの事業を移して営業を開始し、本社は水俣病補償に関する業務だけを行う体制にした。子会社の株式売却は債務の返済や補償に充てられる。売却には環境大臣の承認が必要となり、救済策の終了や市況の好転までは凍結されるが、売却後には親会社は清算されて水俣病を引き起こした原因企業は消滅し、JNCは免責されることになる。二〇一〇年一月のチッソ社内報には、分社化がなされれば「水俣病の桎梏から解放される」という後藤舜吉会長（当時）の年頭のあいさつが掲載された。後藤は社長職にあった二〇一八年五月一日の水俣病犠牲者慰霊式後、記者団の取材に応じ「救済は終わった」という趣旨の発言もしている(4)。その後の患者団体の反発により撤回したものの、被害者側は分社化によって幕引きをはかろうとするチッソの動向に警戒感を強めている。

第二に、「救済を受けるべき人々があたう限りすべて救済されること」を標榜した特措法の対象からも漏れた人びとがいる。医療費自己負担分を補助する手帳さえ受け取れなかった人が約九千人出た。対象地域外の住民や年齢による線引きで申請できなかった若い世代もいる(5)。救済枠から漏れた人を原告とする訴訟の原告合計数は一千五〇〇人に及んでいる。また、司法和解には応じず訴訟を継続している被害者たちもいる。二〇一三年四月には、認定棄却の処分取り消しと認定義務付けを求めた行政訴訟での最高裁判決で原告側が勝ち、判断条件にあてはまらない患者でも水俣病認定できるとして、曝露歴や生活歴等の疫学的事実を踏まえ認定を認めた。しかし、最高裁判決を経ても環境省は五二年判断条件の妥当性を主張している。特措法に基づく救済の申請窓口はすでに締め切られているため、新たに救済を求めるには公健法に基づく認定申請もしくは裁判しか残されていない(6)。行政認定においては症状の組み合わせを条件とする厳しい認定基準があり、司法認定においては勝訴（もしくは和解）にいたるまでに長い時間を要する。

表1　水俣病被害者数（2018年6月末現在）[7]

県	熊本	鹿児島	計
▶公害健康被害補償法（～1969年＝旧法／1974年～＝公健法）			
認定	1789	493	2282
うち死亡者	1519	399	1918
未処分者	955	1028	1983
▶1995～1996年　第一次政治解決			
医療手帳（260万円+医療費自己負担分等）	7992	2361	10353
保健手帳（医療費自己負担分等）	842	347	1189
非該当	1296	485	1781
▶2010～2012年　特措法・司法和解			
「被害者判定」（210万円＋被害者手帳）	19306	11127	30433
被害者手帳のみ（医療費自己負担分等）	18307	4416	22723
非該当	5144	4428	9572
司法和解	—	—	2772
訴訟等での賠償確定者	—	—	61

水俣病問題は五二年判断条件に前後する未認定患者運動、二〇〇四年関西訴訟最高裁判決以降の認定申請者の増大に続き、三度目の未審査・未処分者の増大という水俣病問題の新たな始まりを迎えている。問題が終わらない最大の理由は症状の組み合わせを条件とする現行の認定基準の狭さにある。これはさまざまな裁判の判決で繰り返し批判・否定されてきたが、これを水俣病対策の根幹に位置付ける環境省は改めることを拒み続けている。

行政は現在にいたるまで汚染地域での本格的な健康調査を実施しておらず、その全容はいまだ見えていない。地域的にも世代的にも広範囲にわたる被害の裾野を徐々に明らかにしながら、水俣病問題は公式確認から六〇年を過ぎ混迷の度合いを深めている。

2　水俣病被害者の補償制度

ここでは、これから水俣病問題を議論していく前提として被害補償制度の仕組みを概観する。水俣病被害補償は〈公害健康被害の補償等に関する法律に基づく認定と補償協定による給付〉、〈未認定患者に対する政治的解決〉の二本柱からなる。そこで、これらの成り立ちと各々の給付内容を確認すると同時に、近年さまざまな対応がとられるようになった主に胎児性患者たちを対象とした福祉対策について、以上の制度とは別立てで解説する(8)。なお、ここで取り上げる制度の細目は資料として掲載しているので適宜そちらも参照してほしい。

1　補償前史

水俣病が公式確認された一九五六年から国が「水俣病は新日窒水俣工場で生成されたメチル水銀化合物が原因」という見解を発表した一九六八年までの間、すなわち、水俣病問題において厳密にはまだその加害者が確定していない中で、漁業不振により困窮する患者とその家族が頼ったのは主として生活保護であった。公式確認の数年前から漁業世帯で生活保護受給世帯数が増加し、市では生活保護費や調査費、水俣病専用病棟の建設費を始め水俣病に対する救護対策の支出が急増している（水俣市史編さん委員会、一九九一：七〇二〜七〇三）。

とはいえこれが患者家族の生活改善に何らかの貢献をしたわけでは必ずしもなかった。「村の感情ちいうのは、生活保護受けとる人間な、自分達の仲間に入れんとですもンな。もう、考えななかったですたい、乞食ぐらいに思うとっとですたい。人間性を全然考えん」（岡本、一九七八：三〇）、「生活が困窮したので生活保護を受けた。しかし、近所の人から『給料取りになれて良かったね』と言われて傷つき、以降お金の受給は断った」（宮本・松本、二〇〇〇：六八二）という語りが記録されているように、生活保護受給世帯に対する差別意識は患者であるか否かを問わず存在していた。

一九五九年末、当時唯一の患者団体であった水俣病患者家庭互助会はチッソとの間に見舞金契約（資料A）を締結した。チッソの責任を認めないだけでなく、将来チッソの排水が原因であると判明しても新たな補償要求は行わないとする低額「補償」であった。後の水俣病第一次訴訟において「公序良俗に反する」として無効とされるほどに加害者に利する契約であったが、貧困にあえぐ患者家族はこれを受け入れた。ところが、これによってえた一時金や年金が被保護世帯の収入として認定されてしまったことで、見舞金を受け取っていた患者が生活保護の対象から外れてしまう(9)。結果、一九五六年度に一八世帯あった生活保護は一九六八年度には四世帯にまで減少していく（岡本、一九七一）(10)。生活保護を受け取れば地域社会からの差別偏見にさらされる。チッソからの見舞金を受け取ると生活保護の対象から除外される。受給するにせよしないにせよ、生活保護は被害者の困窮した生活を救うことには繋がっていかなかった。

2 認定患者に対する補償

水俣病を含む公害の被害者に対する補償救済は一九六〇年代後半より本格化していく。まず、一九六九年一二月に「公害被害に関わる健康被害の救済に関する特別措置法」（以下、「救済法」と記す）が制定され、大気汚染や水質汚濁といった公害の被害者に対する医療費（自己負担分）、医療手当、介護手当の支給が開始された。しかし、この制度は公害の加害者による損害賠償が支払われるまでの応急的なつなぎの措置であると位置付けられ、緊急的に救済を要するものに対して給付するという社会保障的な性質を有していた。

水俣病認定患者に対する被害補償は、一九七三年三月の水俣病第一次訴訟後の患者側とチッソとの交渉を経て、同年七月に締結された補償協定（資料C）によって確立する。救済法は、翌七四年八月、民事責任を踏まえ公害により健康被害を受けた被害者の迅速かつ公正な保護をはかることを目的として制定された公害健康被害補償法へと引き継がれる。水俣病発生から二〇年になろうとする時間を経て、救済法や公健法による認定から水俣病補償協定へという水俣病補償の道筋が完成した。

(1)　認定審査会の変遷

認定制度の歴史は見舞金契約の第三条「本契約締結日以降において発生した患者（協議会の認定したもの）に対する見舞金については甲（チッソ—引用者）はこの契約の内容に準じて別途交付するものとする」という文言に始まる。一九六〇年二月、熊本大学医学部や水俣市の医師、熊本県衛生部や水俣保健所の職員七名により構成された水俣病患者審査協議会の第一回会合が開かれている。当時は厚生省公衆衛生局に臨時に置かれており、法律や条文には基づかず、便宜的に見舞金という「補償」を受ける人を決める組織であった。一九六二年には厚生省から熊本県衛生部に移管され水俣病患者審査会となり、

定・棄却までの流れ

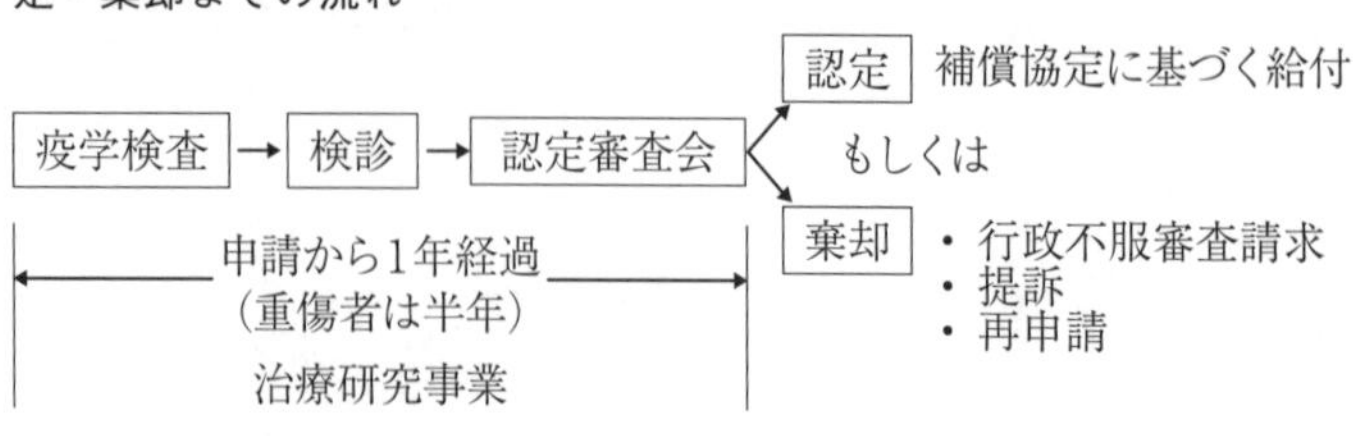

翌年には県の条例に基づく諮問機関となる。一九六九年一二月の救済法の施行を受けて審査会は公害被害者認定審査会に改組された。そして、一九七一年に環境庁が発足したことを受けて、水俣病問題が厚生省から環境庁へと移管される。県の認定業務は救済法、後の公健法による機関委任事務（現在は法定受託事務）となり、水俣病の認定は国が示した同法律に係る処理基準（認定基準）により県知事が行うこととなった（宮澤、二〇〇七）。

(2) 申請から認定・棄却までの流れ（図1）

水俣病の認定を求める場合、患者は公健法に基づく認定申請を熊本県知事または鹿児島県知事に対して行う。申請は本人が行うが、手続きは家族や代理人でも可とされている。医師の診断書の添付が求められるが、水俣病の診断書でなくてもかまわない。今のところ申請に期限は設けられていない。ただし、今後公健法における指定地域から解除されれば新たな申請はできなくなる(11)。

審査は各県に設置された公害被害者認定審査会（医師一〇名により組織）が行う。審査は県職員による疫学調査（生活歴、職歴、自覚症状、魚介類の摂取状況等）に始まり、県が委嘱する医師による各科の検診（耳鼻科、眼科、神経内科等）の後、県職員が要約資料を作成、審査会で書面審査となる。委員は審査結果を知事に答申し、知事が水俣病の認定、棄却、保留いずれかの判断をする。審査結果は郵送

図1　申請から認

認定申請→

で申請者のもとに届けられる。ただ、審査までに数年から十数年かかる場合もあり、保留などで二〇年以上経っても処分が出ない事例もある。ただし、審査結果に対して説明を求めることはできない。情報開示請求に関する定めはないが、認定審査会の議事録の情報開示請求が棄却された事例がある。未検診の死亡者については病院カルテを調査することになっているが放置されている事例が多い。なお、認定業務の遅れを背景として、熊本県は一九七五年四月より、認定申請後一年（重症者は半年）後から認定または棄却の処分を受けるまで、医療費自己負担分と鍼灸施術費を支給する「水俣病認定申請者治療研究事業」を開始した。

公健法に基づく認定を受けた後は、公健法による給付か補償協定による給付を選択可能だが、ほとんどの認定患者が補償協定を選択しており公健法での給付申請を出した事例はきわめて稀である（本章註3参照）。認定された場合、本人が死亡するまで認定は有効であり更新は不要となる。一方、棄却された者には、処分に対して不服がある場合、再申請、公害健康被害補償不服審査会に対し審査請求、行政処分の取り消しを求める訴訟を求めるという道がある。

(3)　認定基準とその変遷

当初、水俣病における認定審査は急性劇症型のきわめて重度の患者を対象としていた。しかし、一九七一年八月、潜在患者の発掘と加害責任の追及に奮闘し被害者運動をひきいた川本輝夫ら九名の認定棄却者による行政不服審査請求を受けた環境庁がその棄却処分を県に差戻す裁決を下し、事務次官通知

「公害に係る健康被害の救済に関する特別措置法の認定について」（資料B）、いわゆる「昭和四六年事務次官通知」を出し、幅広い認定を行う方針を示した。これにより、水俣病に見られる症状の発現や経過に関し、魚介類に蓄積された有機水銀の経口摂取の影響が認められる場合には他の原因がある場合であっても水俣病の範囲に含まれることになった。

しかし、「水俣病を否定できない場合は認定」という指針は、有明海に発生と報道された第三水俣病や認定申請者の増大による未処分者の増大、補償協定の締結、認定業務の遅れを問う不作為違法確認訴訟の提起などにより再び厳格化の方向へと向かう。環境庁は認定業務を促進するという理由で、一九七七年に認定に関する新通知「後天性水俣病の判断条件について」（資料F）、いわゆる「昭和五二年判断条件」を出す。ここでは、水俣病の症状は「単独では一般に非特異的であると考えられるので、水俣病であることを判断するに当たっては、高度の学識と豊富な経験に基づき総合的に検討する必要がある」とされ、四肢末端の感覚障害に加えて、他の症候の組み合わせが認められるものを水俣病の範囲に含むとした。昭和四六年事務次官通知ではいずれかの症状（「or」）であっても水俣病と認定されたが、昭和五二年判断条件では症状の組み合わせ（「and」）が条件となった（津田、二〇〇四：八〇〜八二）。この変更について、環境省は、昭和四六年事務次官通知が曖昧な内容であり、その解釈について誤解が生じたため、認定基準のハードルを変えることなくより具体化することで、被害者の公平で迅速な認定業務の推進を目的としたと説明している(12)。現在、この昭和五二年判断条件が認定申請者を水俣病と認めるか否かを審査する際の基準となっている。

昭和五二年判断条件はこれまでの裁判の判決の中で何度か批判あるいは事実上否定されているが、その度に環境省はそれが妥当であることを追認する見解を出している。一九八五年八月の水俣病第二次訴訟福岡高裁判決は、昭和五二年判断条件は水俣病患者を網羅的に認定するための要件としては厳格であると批判し、昭和四六年事務次官通知を支持した。環境庁はこれを受けて「水俣病の判断条件に関する医学専門家会議」を発足させ、感覚障害だけでは水俣病である蓋然性は低いとして昭和五二年判断条件を変える必要はないと反論した。その一方で、医学的に判断が困難な患者に留意する必要があるとの見解を示した。これ以降未認定患者対策が本格化していくが、その具体的内容については項を改めて説明する。

その後も昭和五二年判断条件は、二〇〇四年一〇月の関西訴訟最高裁判決（感覚障害のみの被害者を認定とした高裁判決を支持）や二〇一三年四月の溝口行政訴訟（昭和五二年判断条件によって棄却された患者を認定）などにおいて繰り返し批判・否定されている。とりわけ、後者は最高裁による患者認定として初めての事例であり、現行の認定基準によって棄却した県の判断を覆し、感覚障害のみの水俣病の存在を認めた。これに対し、環境省は二〇一四年三月に水俣病の認定に関する「新通知」（資料J）を発表した。これは一見すると二〇一三年の最高裁判決が求めた「必要に応じた多角的、総合的な見地からの検討」に応じたもののようだが、汚染当時の頭髪や血液、尿などの水銀値、ばく露時期の食生活（摂食した魚介類の種類、量、時期）を確認するための客観的資料やカルテを求めており、総合的検討を細かく定義することで、認定のハードルをむしろ上げている（東島、二〇一四）。判決で現行の認定基準が批判・否定されるたびにその妥当性を主張していることから伺えるように、昭和五二年判断条件を維持することは、国が認定患者数の増大を制限し、これにより大量に発生する未認定患者、すなわち感覚障害のみの水俣病患者を政治的に別枠で救済する政策と呼応している。

(4) 補償協定に基づく給付内容（資料D）

ここでは、認定患者に対する補償内容を医療補償（医療関係費）と医療費以外の補償、その他の補償等に分けて紹介する。

① 医療等の補償

認定患者に対する医療費はその全額をチッソが負担する（歯科医療は除外）。患者は医療機関に水俣病患者手帳を示すだけで支払いは不要である。医療機関がチッソに対して請求する。公害医療のため一般の医療費に比べ二〇％増額となる。この他に通院交通費と通院手当、介護手当がある。また、生活用具のうちベッドや手すりなどについて、交渉によりチッソが負担している場合がある。また、鍼灸治療費、マッサージ治療費が付く。

② 医療費以外の補償

認定患者に対しては慰謝料特別調整手当（年金）が支払われる。公健法に基づく審査会で認定された患者は、チッソが設置するランク付け委員会により症状の程度に応じてA、B、Cの三つのランクに振り分けられる。慰謝料はAランク一八〇〇万円、Bランク一七〇〇万円、Cランク一六〇〇万円（物価スライドなし）、また終身特別調整手当（年金）として月額Aランク一七万七〇〇〇円、Bランク九万五〇〇〇円、Cランク七万一〇〇〇円が月々支払われる（物価スライドあり、二〇一七年六月一日時点）が支払われる。なお、胎児性水俣病患者については、就学援助として小学生五万三〇〇円、中学生七万四一〇〇円が支払われていた。これらは生活保護の収入に認定されない（利子は除く）。患者が死亡した場合には葬祭料が一時金として相続人に対して支払われる。認定申請は生存者であることを前提としているため遺族補償の仕組みはないが、第一次訴訟判決では死亡患者への慰謝料として一八〇〇万円が認められた。

③ その他の補償等

入院手当や介護費、温泉治療券が出される。また、チッソが全患者を対象として患者の医療生活補償のため「水俣病患者医療生活保障基金」（日本赤十字社が管理委託）を設け、その運用益でおむつ手当、介添え手当、香典、マッサージ治療、温泉治療費、鍼灸治療費、胎児性患者就学援助費、通院のための交通費等を支払うことが取り決められた。基金の運用益で不足する場合は、チッソから基金に対し補填される。基金の額は当初三億円であったが、その後七億円まで増額されている（除本、二〇〇七：六〇）。

3　未認定患者に対する政治解決（資料E）

昭和五二年判断条件によって基準を厳格化することで認定業務を「促進」した一方で、環境庁は棄却者らの救済を進めていった。チッソに加え、国・県に対し水俣病であることの確認と損害賠償を求めて提起された水俣病第三次訴訟が全国展開され大規模化するなど、国は増大する未認定患者への対応を迫られていた。

現行の認定基準を批判した一九八五年の水俣病第二次訴訟福岡高裁判決に対し、環境庁は基準を変える必要はないが水俣病とは認められないが手足に感覚障害がある者に留意する必要があるとして、国と県は翌八六年六月、認定申請棄却者に対して医療費の自己負担分を補助する特別医療事業を開始した。この頃鹿児島県の認定審査会会長を務めていた井形昭弘が「ボーダーライン層」という言葉を使うなど、水俣病と認定することはできないが有機水銀の影響を否定することができない人たちの存在が強調されるようになる（水俣病患者連合会、一九九八：二二六）。一九九一年、未認定患者を対象にした対策の検討などを行うため中央公害対策審議会・環境保健部会に新たに設置された「水俣病問題専門委員会」の委員長に就任した井形は次のように述べている。

国の水俣病の判断条件が適切でないとの批判があるが、そうは思わない。正しい解決には医学に基づいた線引きが必要だ。原告を含め今、救済を訴えている人たちは、症状の一部に有機水銀の影響があるかもしれないが、そうでない人もいる。いわゆるボーダーライン層で、医学的判断の限界を超えたものとして、社会的な対策が必要だろう(13)。

国は一九九二年六月から特別医療事業を発展的に解消させる形で総合対策医療事業を新たに開始した。この事業では、水俣病にも見られる一定の四肢末梢優位の感覚障害を有する者には医療手帳（医療費自己負担分と療養〔入院・通院〕手当の給付）を、水俣病にも見られる一定の神経症状を有する者には保健手帳（医療費自己負担分の給付）を交付した。なお、以下に述べる政治解決も含めて未認定患者対策の対象者となるには、認定申請や訴訟の取り下げが条件となる。

これら一連の未認定患者対策は、最終的に一九九五年から九六年にかけて実施された政治解決へといたる。当初、国は、国賠訴訟や自主交渉を通して認定と賠償を求める未認定患者に対してあくまで争う姿勢であったが、一九九四年六月に自由民主党・日本社会党・新党さきがけによる村山連立政権が誕生すると、一転して自ら斡旋者となりチッソと患者の和解を推進する立場に転じた。一九九五年一二月一五日、未認定患者を救済する政府最終解決策が閣議決定された。「水俣病問題の解決に当たっての内閣総理大臣談話」で政府として初めて遺憾の意を表明したが、結果として対応に長期間要したことの反省のみでその責任は認めなかった。

この解決策では当初三年としていた総合対策医療事業の申請を一九九六年一月から七月の間で再開した。給付内容はそれまでの対策を踏襲し対象者を二種に区分した。まず、水俣病に見られる四肢末梢優位の感覚障害を有するなど一定の要件を満たす者には医療手帳が交付され、チッソが一時金二六〇万円（被害者団体に属す場合、これに加えて団体加算金が追加される）を、国・県が医療費自己負担分と療養手当を支給した。医療手帳の対象とはならなかった者で一定の神経症状を有する場合には保健手帳が交付され、医療費自己負担分を支給した。

政治解決における国の姿勢は昭和五二年判断条件を見直さないこと、行政責任を認めないことという二点にあったため、これまでと同様、政治解決の対象となるには各種紛争の取り下げが条件とされた。

しかし、水俣病の公式確認から四〇年が近づき高齢化が進行する中、患者団体が生きているうちの救済をめざしたこともあり多くの原告や被害者が政治解決を受諾し訴訟や認定申請を取り下げた。裁判の継続を選択したのは関西訴訟原告団と御手洗鯛右（本書「はじめに」参照）のみである。最終的に一万一千一五二人が医療手帳該当者、一千二二二人が保健手帳該当者となった。政治解決へといたる一連の未認定患者対策によって、国は昭和五二年判断条件に合致しない多くの未認定患者に対する（より低額の）医療費等の給付という水俣病被害者補償救済の「二本柱」を完成させた。

一九九五年の政治解決で終わったかに見えた水俣病問題は、二〇〇四年一〇月、政治解決の受諾を拒み裁判継続を選んだ関西訴訟の最高裁判決で原告が勝訴したことを契機に再び始まった。判決を踏まえて国は医療事業を拡充するとして総合対策医療事業の給付内容を見直し、保健手帳（新保健手帳）の申請受付を再開した。これに申請する人びとも現れたが、原告勝訴に終わった一九七三年の第一次訴訟判決がそうであったように、最高裁判決を契機として認定申請者が急増し(14)、未処分者数は過去最高を記録した。また新たな訴訟も提起されるなどしていた。

こうした事態に対処すべく、民主党政権誕生直前の二〇〇九年七月、政府与党は「水俣病被害者の救済及び水俣病問題の解決に関する特別措置法」を成立させた。一九九五年の政治解決を第一次とすれば、特措法による第二次政治解決は、認定基準を満たさないものの救済を必要とする人びとを「水俣病被害者」と規定し、その救済を行うことで地域における紛争を解決させ、水俣病問題の最終解決をはかることを目的とした。対象者には被害者手帳を交付し、一時金二一〇万円に加えて医療費自己負担分などを支給することを決めた。一九九五年の政治解決よりもさらに低額であったが、全国展開されていた訴訟において特措法と同内容の和解協議が進行した。申請窓口期間は二〇一〇年五月から一二年七月までで、最終的に六万五千人を超える申請者のうち三万四三三人が対象となり、二千九四三人が司法和解となった（新潟県を含む）。なお、特措法の施行に伴い保健手帳は被害者手帳に統合され失効することになったため、手帳の切り替えがこの時進んだ。

特措法の窓口はすでに締め切られているため、現在（二〇一八年四月時点）補償をえるためには、裁判を除いては公健法に基づく認定申請しか残されていない。

このように補償制度を概観すると、水俣病問題が六〇年以上経過してもなお終わらない理由の一端が見えてくる。すなわち、認定申請で棄却ないし保留された人びとが裁判で勝訴し、それを契機として新たな認定申請者が急増する。判決では同時に現行の認定基準である昭和五二年判断条件が批判・否定されるが、国はこれに対応するために基準を見直すのではなく、水俣病とは認められないものの手足に感覚障害がある者の救済という形で、認定患者に対する被害補償とは切り離し政治的に解決する。しかし、そこから漏れたり、和解を拒否したりした人たちが裁判を起こし、長い年月を経て勝訴する。それを契機として……、というように被害補償をめぐる問題は基本的にはこの繰り返しである。昭和五二年判断条件という水俣病行政の根幹が維持される限り新たに認定申請をする人びとが認定される可能性は低く、将来、第三の政治解決が行われる可能性もある。この繰り返しが続く限り水俣病問題は終わらない。より正確にいえば、終われない。

4　福祉制度と連動した認定患者対策

このように終わりの見えない水俣病問題にあって、唯一といってよいほどに進展している取り組みが福祉対策である。近年、胎児性患者たちを対象として、金銭的な補償給付とは異なる福祉と連動した事業が実施されている。

(1) 胎児性・小児性水俣病患者等に係る地域生活支援事業

最高裁判決を踏まえて発表された「今後の水俣病対策について」(資料H)に基づき、環境省と熊本県は二〇〇六年度から「水俣病発生地域の環境福祉対策の推進に係る事業」の一環として「胎児性・小児性水俣病患者等に係る地域生活支援事業」(資料I。以下、「地域生活支援事業」と記す)を開始した(15)。この制度の創設により、既存の福祉制度や患者補償では対応することができず家族や支援者が担ってきた生活介護や支援の一部が制度的に実施されるようになった。

胎児性患者たちに対する介護は生まれた時より家族(主に母親)が担い、また一九七〇年頃からは支援者も在宅での生活介護や外出支援を担ってきた。一時金や年金、医療費の支払いなど金銭的な補償救済に比べて福祉的な観点からの施策は少額でありじゅうぶんに対応されてこなかった(小野、二〇〇五/除本、二〇〇七)。しかし、二〇〇〇年代以降、胎児性患者たちの身体機能の低下とその主な介護者である母親の高齢化に伴い福祉サービス利用のニーズが高まってきたことを受けて、既存の福祉サービスを補う形で地域生活支援事業は始まった。現在、補償金に加えて、既存の障害福祉サービスと国県の予算措置である地域生活支援事業を組み合わせて胎児性患者たちの日常生活支援が進められている。

平成二九年度の環境省の水俣病総合対策関係経費要求額約一一六億円のうち地域生活支援事業の予算額はおよそ七千一〇〇万円であり(16)、水俣病対策全体に比べれば少額の予算措置だが、制度開始時の九〇〇万円（国費のみ）（除本・尾崎、二〇一一：一七三）から着実にその額を増やし続けている。負担割合は国八、県二である。

地域生活支援事業は、胎児性患者たちの地域における安心した日常生活の確保や社会参加・活動の促進を目的とした補助金事業である。胎児性患者たちやその家族、主な介護者のうち、障害者総合支援法もしくは介護保険法によるサービスを受けることができない者、または受けている場合でも、それ以外のサービスを受ける必要があると認められている者、その家族と主な介護者を対象としている。補助対象者は社会福祉法人や公益法人、ＮＰＯ法人などの非営利団体であり、患者個人ではなく団体が県に対して制度の利用申請を行う。原因企業であるチッソはこれに関与していない。

障害者総合支援法等の制度に基づいてサービスを提供できる場合は補助対象事業とはならないという点からうかがえるように、地域生活支援事業は、既存の福祉サービスが対応することの難しいニーズに対応した「横だし・上乗せ」の事業として位置づけられている。補助の対象となるのは「サービス提供事業」（生きがいづくり、交流サロン、在宅支援訪問、一時宿泊など）、「施設運営事業」（備品の購入、施設の改築・修繕）、「家族棟運営事業」（家族向けの滞在型施設「ぬくもりの家　潮風」の運営）に該当する事業となる。地域生活支援事業には障害程度区分に基づいた支給量の判定のような仕組みがなく、ヘルパーの資格もいらないので事業所の要望にそった支援を実施しやすい。一方で各サービスの利用に際しては、原則として補助対象経費の一割を利用者が自己負担する。補助金額は時間当りではなく、一日一人当りとなっている(17)。

(2) なじみヘルパー等養成制度

熊本県は地域生活支援事業を円滑に運用していくうえで必要なヘルパーの養成支援も行っている。在宅の胎児性患者たちの中には、親族や支援者、一部のヘルパーだけの介護を受けて暮らしてきた人がおり、介護事業所から派遣されてきたヘルパーを受け付けない場合がある。そこで熊本県は、介護事業所のヘルパーが胎児性患者たちと「なじみの関係」を築くための同行訪問に対する報酬を補助している。

(3) 胎児性・小児性水俣病という表現について

本書は胎児性患者たち(18)を議論の対象としている。

胎児性水俣病は、一九六二年、二人の患児の死亡後解剖と臨床・疫学研究によってその存在が証明された。毒物が胎盤を通過して胎児に重大な影響を与えた事例としては人類初の経験とされる。同年一一月、それまで小児麻痺などと診断されてきた子ども一六名が胎児性水俣病患者として認定された(19)。一九七〇年の時点では認定患者一二一人中二三名が胎児性とされている(水俣病研究会、一九七〇：一九六)。胎児性として確認されている患者は現在七〇名を超えるという報告もあるが(原田、二〇一二a)、その正式な数は特定されていない。第二の水俣病とされる新潟水俣病では避妊指導や中絶などの対策が取られた結果、公式には新潟水俣病の胎児性患者は一人とされている(第六章で詳述)。一般的に、胎児性・小児性水俣病患者とはメチル水銀曝露を受け一九六〇年代に認定された症状の重い患者をさすが、それは一部に過ぎない。

とはいえ、何をもって胎児性あるいは小児性水俣病が発症したとするのかについて、確とした病像があるわけではない。新潟水俣病行政認定義務付け訴訟の中で国は、胎児性水俣病を「胎盤を介したメチル水銀曝露という出生前の原因による脳性麻痺」であると定義し、臨床症候を、知的障害を主症状としてこれに脳性麻痺の症状が加わるものとしている。先天的に脳の発達抑制が生じる以上、出生時ないしその後速やかに症状が現れるのが自然であり、胎児期および乳幼児期におけるメチル水銀曝露から数十年を経て症状が発症することはありえないというのがその主張だ。原告側は所見の変動の医学的正当性を示しているが、これに対し国は、水俣病以外の要因により「症候が複雑に彩色され」るため、神経内科的な知見に基づいた精査を経ないと症候が変動しているように誤解されると批判する(20)。水俣病に対する差別や偏見に加えて、国のこのような病像論が胎児性患者患者たちの顕在化を妨げる一因となっている。

胎児期・小児期のメチル水銀曝露による健康影響は同年代の人びとにさまざまな形で存在している。新潟水俣病が発生した際に実施された受胎調節指導は、水俣病発生の最低閾値と判断した五〇ｐｐｍ以上の毛髪水銀値の女性を対象としている。また、水俣では水俣湾の埋め立て工事を行い汚染地の回復をはかったが、その時吸い上げられたのは二五ｐｐｍ以上の高濃度のヘドロなどである。頼藤らは胎児性患者たちよりは軽度で外見上の影響は見られなくても、中枢神経系の発達への影響を受けた可能性があると指摘する（頼藤他、二〇一六）。胎児性患者たちと同世代の人びと、またそれ以降の世代にメチル水銀曝露による健康影響がないわけではない。

富樫貞夫は「水俣病」という語は事件史上いつの間にか使われだした病名であり医学的に確立した概念ではないこと、世界各地で起こるさまざまなメチル水銀中毒との比較検討などを行う際の障害となる可能性が大きいことから、「工場排水によるメチル水銀中毒と定義すれば十分」と指摘する（富樫、二〇一七：一二三）。これと同じことが胎児性・小児性水俣病という語と胎児期・小児期のメチル水銀曝露の影響という関係にもあてはまる(21)。

長年にわたり胎児性患者たちを診察しつづけてきた医師の原田正純は次のように語る。

胎児性世代に関していうと、これは全然手がつけられていない。今のところ一見して分かるような脳性小児麻痺タイプしか救済されていない。じゃあ、何で救済されているかというと、大人の基準、つまり感覚障害で引っかかっている（永野・原田、二〇一八：一五五〜一五六）。

一見してわかる重度の事例しか認定補償を受けておらず、それ以外の「軽度」の胎児性世代については手がつけられていないのが実態である。

第2章・被害の周辺からの思考

1　環境社会学という試み

この節では、被害の周辺からの思考を展開していくにあたり、本書が依拠する環境社会学における被害という視座とその理論的成果である被害構造論を概観する。環境社会学は被害者個々人の経験する困難に立脚しながら、認定基準や補償金から見落とされてしまう被害のありよう、そしてその多様な現実を描き出してきた。しかし、その見落とされた諸側面に着目してきたがゆえに、公害被害の象徴である胎児性患者たちの主張には焦点があてられてこなかった。

1　被害という視座

環境社会学は、急速な産業化や都市化の影響を受け深刻になっていく生態系や生活環境の破壊に対する関心の高まりを背景に一九七〇年代にアメリカで誕生した(1)。日本では先行するアメリカでの展開に大きな推進力をえて一九九〇年代以降本格的に学問として始まる(2)。しかし、その内実は公害という日本特有の社会的な現実に強く規定されて独自の発展を遂げてきた（長谷川、二〇一〇）。その核には本書の「はじめに」で取り上げた被害という視座がある。

飯島伸子が公害や労働災害、薬害など幅広い事例を研究する中で獲得した被害という視座は、『環境問題と被害者運動』の中で被害構造論として結実した。既に述べたように、本書は日本の環境社会学の始まりをこの点に見ており、また、これをもってそれ以前の公害問題に対する社会学的研究と環境社会学を区切っている(3)。これ以降、環境社会学は「被害とは何か」という問いに縁取られ展開していく（堀川、二〇一二）。アメリカにおける環境社会学の創始者の一人であるダンラップは、飯島伸子をはじめとする日本の環境社会学者の業績を「被害者学」（Victimology）や「被害者の社会学」（Victim Sociology）と表現しているように（Dunlap, 2011 : 220）、日本の環境社会学の英訳はEnvironmental SociologyというよりもVictimologyとするほうが正確な場合もある。

被害者学としての環境社会学には、被害をめぐるそれまでの議論とは異なる水準にある被害への関心がある。水俣病問題では一九六八年に国が水俣病を公害とする公式見解を出した頃から、患者支援の活動が本格化していったように、一九六〇年代後半以降、社会的にも運動的にも公害は大きな関心を集めていった(4)。しかし、それは同時に、裁判や補償交渉、認定審査の過程の中で汚染の程度やある特定の症状、賠償金に基づき公害被害が把握されていくことでもあった。こうした状況に対して公開自主講座「公害原論」を開講した宇井純は次のように述べている。

被害者は常に被害を体全体で受けている。総合的に受けているのです。しかし、それを表現するためには大気中の亜硫酸ガス濃度が何ｐｐｍとか、水のＢＯＤが何ｐｐｍとか数字で部分的に表現することしか現在のところ方法がない。その部分的に表現されたものをもって加害者、あるいは第三者が判断するのです。ですから公害の認識というものは加害者と被害者では次元が違う（宇井、一九七一：二三八）。

被害という視座はこうした公害認識の延長線上にある。飯島は公害原論に率先して参加していたわけではないが（友澤、二〇一四：一一二）、宇井の発言を引き受けるようにして「加害企業からも行政からも、そして学問一般からも等閑視されている被害の分析をとくにとりあげ、その社会構造との関係を探ることにしたい」（飯島、一九八四：八〇）と述べ、いまだ明らかにされていない被害の水準へと目を向ける。そしてこれに続けて次のように指摘する。「ある意味で、より問題であるのは、被害者当人による被害の非認識である」（同：九一）。加害企業や行政による被害の矮小化された定義により、被害者自身が被害を認識できない状況に追い込まれている。この点において被害の問題は未解明である。これを明らかにするための枠組みを飯島は被害構造論と名付けた。

被害構造論を概説するならば次のようなものである。被害とは本人の健康被害の程度や家庭内での地位、役割、所属階層、そして加害企業の対応など外的要因（加害構造）との関係から成り立つ。このようにして作り出される被害状況は一定の構造を持つ。現在、被害構造論は環境社会学の一つの基盤をなす理論的成果としてあげられており（舩橋、二〇一二／堀川、一九九九／関、二〇〇五）、その形成過程は友澤（二〇一四）に詳しい(5)。飯島は、生命や健康に対する被害を起点として、その影響が家族、そして地域社会へと派生的に拡大しながらその生活全体の変更させていく様相を探ろうとした。
後に宇井は被害という視座やそれに基づく環境社会学を次のように評価している。

……あの人（飯島伸子―引用者）は、病気になった患者の生活がどのように変わったのか、その周辺の地域社会がどのように変わっていくのかということまで含めて、水俣の「被害」の問題を全体として捉えた人です。飯島さんとは被害の構造をどのように捉えるかということについて、論文をまとめる前には随分議論しました。それにしても飯島さんはその後、見事に環境社会学の体系を作ったと思います（宇井・鬼頭、二〇〇六：二一六〜二一七）。

それでは被害構造論はどのようにして学問からも等閑視された状態にあった被害を可視化しようとしたのか。
端的にいえば、現象としては加害行為の後に発生する被害の解明を先行して行おうとしたところにその要点がある。飯島とともに環境社会学をその初期から作り上げてきた舩橋晴俊は、公害問題を①加害・原因論、②被害論、③解決論の三つの領域に分節化したうえで、被害の実態把握にまず取り組むことの重要性を「それによってこそ、加害過程の研究に対する視点と感受性が獲得され、その意味や特質もより深く把握できるようになるからである。つまり、『なぜこのような被害が発生したのか』、『なぜ被害が解明できないのか』という問いを、問題の具体性に即して、発することができるようになり、そのことが加害論（及び原因論）の探求を深めるように作用する」（船橋、一九九九：九六）と述べ、こうした「実証的・帰納的方法は、被害構造論という新しい領域を切り開くのに、適合的な方法」（同：九八）であったと述べる。飯島（一九九四b）もまた実証研究という出発点を日本の環境社会学における大きな特徴としている。

実証的であるということは、具体的にいえば、何よりもまず被害者の視点からの発想を原点とすることを意味する。飯島や船橋らと同じく日本の環境社会学の創設に深く関わってきた長谷川公一はそれを「〈現場〉から学ぶ」（長谷川、一九九六：四）と表現する。飯島は被害構造論という言葉で、加害企業や行政による定義からは見えてこない水準、すなわち、被害者が生活の中で経験している（ことすら時に認識できない）個別具体的な困難や苦難を起点として被害が意味することがらを明らかにしていった。

しかし、被害構造論は客観的な、確固とした理論として完成したものであることを目的としているわけではない。日本の環境社会学では本格的な社会理論は展開されていない（長谷川、二〇〇四）、環境問題は日本の社会学の中で位置づいていない（海野、二〇〇一）という議論もある。また、海外の環境社会学者からは、日本の環境社会学はアメリカやヨーロッパのそれに比して理論的関与が少ないとも紹介されている（Lidskog, et al., 2015）。だが、船橋は飯島の研究成果を見えないところで支えている「社会的災害に対する憤激と批判意識に裏付けられた実証性」の方に注意を促す（船橋、二〇一四：一九八）。また、友澤悠季は飯島の試みを次のように述べる。

飯島は、「被害構造論」によって、加害現企業からも行政からも、そして学問研究一般からも等閑視されている「被害の問題」を明るみに出すことを目指していた。この背後には、環境庁の「公害」認定が、一貫して「被害」をごく限られた条件でしか認めず、埒外に多数の被害者を切り捨てていたこと、また認めたとしても、その救済策は、被害者やその家族、死亡した被害者の遺族が直面する日常生活上の困難や生活設計における不安などからすれば、全く不十分であったことを告発しようとする飯島の姿勢が読み取れる（友澤、二〇一四：一〇八）。

重要な点は理論的な枠組みを水面下で支えている「憤激」や「告発」という問題意識や姿勢の方にある。すなわち、被害という視座はあくまで被害者の役に立つものであり続けること。その意味で「被害」は、あらかじめ学問的に定められたものとして固定されているのではない。それはさまざまな現場から学ぶことによって変わりうる。被害構造論、そして環境社会学の意義は、宇井純がそうあることを期待したように（宇井、一九九五）、第一義的には問題解決に有意義に貢献することにある(6)。

2　環境社会学と水俣病問題

以上のような視座に立つ環境社会学は水俣病とどのように向きあって来たのか。環境社会学における公害研究の全般的な動向は、①公害問題における健康被害、②被害の社会的メカニズム、③被害補償や加害責任を問う社会運動、④公害発生による地域の変容に分類されている（堀川、一九九六）。水俣病もさまざまな角度から論じられているが、ここではそれらを網羅的に取り上げるのではなく、被害という視座を前提とした研究に限定して概観していく。

(1) 不可視化されたものへのまなざし

環境社会学における水俣病研究は、一九九一年から九七年にかけて飯島伸子と舩橋晴俊を中心として行われた新潟水俣病に関する調査から始まる。新潟を選んだ理由として飯島と舩橋は「熊本水俣病についての諸研究の蓄積と比べて、社会科学研究の空白が存在していた」(飯島・舩橋、二〇〇六：三)ことをあげる。なかでも未認定患者に焦点をあてたことについて、飯島は、認定患者は「曲がりなりにもある程度の被害補償がなされているのに対し、公的には患者とみなされていない未認定患者は、こうした被害補償とは無縁であることによって、生活の多方面に、より大きな被害や負担が生じていると予測した」(飯島、一九九四d：五九)と説明する。この調査では新潟水俣病という甚大な被害に対置させる形で関川流域に発生した関川水俣病(あるいは関川病)が取り上げられており、これを「もう一つの『水俣病』」(関、一九九五：二六二)や「見捨てられた病」(渡辺、一九九五：一七四)と表現している。熊本に対する新潟、認定患者に対する未認定患者、新潟に対する関川というように、その関心はより甚大な被害の存在によって不可視化されたものの方へと向けられる。

(2) 被害－加害関係を離れて

しかし、被害に対する問題意識は先に引用した舩橋(一九九九)が説いたような加害過程の解明には必ずしも接続していない。飯島・舩橋らの調査に参加した堀田恭子は、裁判闘争を長年にわたり続けた新潟水俣病の被害者個々人が、裁判をきっかけに生活者としての世界をどのように切り開いていったのかを分析する。被害を受け止めそして乗り越えていく過程に関心をよせ、日常生活の方へ目を向ける堀田の議論は、裁判闘争の中に「運動の勝ち負けでは言い尽くすことのできない人々の生を支える運動のもつ豊かさが存在している」(堀田、二〇〇二：二〇六)ことを明らかにしようとしている。「水俣病の表象は〈加害―被害〉図式に関係しており、被害では捉えられない地域の日常生活について捨象してきた」(関、二〇〇三：二九七)と指摘する関礼子もまた、深刻な症状に苦しむ新潟水俣病の患者や加害に抵抗する患者という定式化された被害者像がもたらす貧しさを問いながら、そこから捨象されてきた阿賀野川流域での被害者の日常生活や精神世界の豊かさを明らかにしようとする。

また、原田利恵は、熊本水俣病発生初期の急性劇症型の子弟でありながら既往歴がなく、青年期以降に水俣から離れたために水俣病問題の当事者とはならなかった「水俣病患者第二世代」への聞き取り調査を行っている。こうした人びとを「身体的にも社会的にもあらゆる意味で、水俣病患者とそうでないものの狭間にいる者たち」(原田、一九九七：二一六)と呼び、東京へ上京したある女性のライフヒストリーを通して厳密には被害－加害関係の(問え)ない側面から被害の問題に迫っている。

(3) 環境リスクへの問題提起

被害という視座はまた、環境リスクという確率論的・定量的に提示されてきた問題に対して、別様なリスクの捉え方があることを示してきた。寺田(二〇一〇)や野澤(二〇一二)は、被害を受けてから数十年たった後、加齢とともに当初は予測されなかった健康被害や症状の悪化に直面したり、それに伴い介護・介助ニーズが増大したりする状況を「公害被害の事後的リスク」と表現し、水俣病被害を現在進行形のリスクの問題として捉えると同時に、その意味内容は時間の経過とともに変容することを指摘した(7)。環境社会学の側から環境リスクを論じることの意義について、寺田は政策的なリスク評価やリスク管理といった「鳥瞰図的な方法論」に対置させて、生活者の目線に近いところから「『虫瞰図的』な『まなざしの多様性』を複眼的に分析」する点にあるとしている（寺田、二〇一六：二一七）。リスクという一般的には確率論的に議論される問題に対しても、環境社会学は被害者一人ひとりの主観的な認識に依拠した多様なリスクが存在しうることを提示している。

熊本水俣病に対する新潟水俣病、認定患者に対する未認定患者、新潟水俣病に対する関川（水俣）病、裁判闘争やそこで議論される病像論が作り出す被害者像の貧しさに対する日常生活の豊かさ、急性劇症型の患者に対する第二世代、そして定量的に算出される環境リスクに対する複眼的リスク。環境社会学は一方により甚大な被害を見ながら、そうではない見落とされた側面の問題として、被害者個々人の経験する困難に立脚しながら被害やリスクの現実が多様な形で存在することを描き出してきた。

3　被害の周辺にあるもの

被害という言葉は水俣病の病像論や加害責任、被害補償といった問題と密接に結びついてきた。ゆえに環境社会学は被害－加害という直接の焦点からは距離を置き、その多様な現実を被害者の側から描き出してきた。しかし、それが周辺からの思考である以上そこからはよく見通せない周辺がある。

その一つに胎児性患者たちの自立という課題がある。水俣病問題に関わり続けてきた医師の原田正純は一九八六年、水俣病公式確認から三〇年に際して次のように述べている。

水俣病の最近の十年は、救済のほんの一口、認定制度をめぐる問題にあまりにも多くのエネルギーを費やされてしまった気がする。そして、それは被害者からみると、あたかも医学との闘いであった。それは、問題の本質ではない筈である。もう、どこまで救済するかではなく、救済の内容をもっと議論する段階にきており（遅すぎだが）、これらをいつまでも裁判にまかせてはおけないのである。でも現状を考えると、それはまだまだ、先の長い闘いが必要なのである。

胎児性水俣病の若いものたちももう三十歳になった。この若者たちが生きつづける限り水俣病は終わらないし、彼らが本当の意味で自立していける条件ができない限り終わらせてはならないのである（原田、一九八六a：三二）。

認定制度は水俣病問題の最重要課題であるが、それが解決すれば問題が終わるわけではない。どの症状を（誰を）被害（者）として認定すべきか否かはあくまで問題解決の「入り口論」であり、重要なのはその中身の方にある。そのように述べる原田は別稿で、「認定の問題やお金の問題も大切やけど、大人とちがって、お金の問題ではない。（大人は）自分たちのことばっかかし。若いもんのことは誰も考えてくれん」という胎児性患者の言葉を引用し、それに続けて、しかし「未認定問題のかげで、認定された青年たちの問題はかすんでしまっている」（原田、一九八五：一九八）と述べる。認定制度を前にして水俣病問題は立ち止まり、その先にある自立という課題は着手されないままにきた。いうなれば問題解決のいわば「出口論」は未解決のままに残されてきた。

その理由は、それほどまでに認定制度が被害者を切り捨てるものであったということだが、もう一つには、胎児性患者たちがまさに水俣病の被害者として視線を向けられてきたことにある。反公害運動の中で胎児性水俣病患者の写真が掲げられたことがあったように、胎児性患者たちは公害の悲惨さを示す象徴であった。しかし、田尻雅美は、同時にそれは、それ以外の存在でもある可能性が捨象されることでもあったとして次のように指摘している。

胎児性水俣病患者がになった役割は、テレビ、映画、写真などでその姿を表し、その障害の酷さで被害の深刻さを訴えるものでした。いかにも一見しただけで〝見える被害〟の具像化として使われ、それは水俣病のような被害を二度と起こさせないためにとシンボル化していったといえます。そして、被害の深刻さを強調するあまり、それは「何もできない」、「結婚も仕事もあきらめることを余儀なくされた患者」であることを社会的に刻印されていったのではないでしょうか（田尻、二〇〇九：一三三）。

胎児性患者たちは水俣病被害の象徴であったがゆえに、日常生活の中で追求しえた結婚や仕事を諦めるほかなかった。胎児性患者たちは「水俣病患者として生きることを強いられ」（加藤、二〇〇六：一四三）、「『水俣病患者である』ことに生き埋め」（栗原、一九八六：七）にされてきた(8)。環境社会学は「もう一つの」「見捨てられた」など、いずれの呼び方にせよ、認定制度や裁判を争う過程で矮小化された被害に対置する形でそうではない被害の実像を描き出してきた。そうであるがゆえに、たとえば、飯島らが新潟水俣病の調査で未認定患者を対象とした時の理由がそうであったように、曲がりなりにも認定されている患者、なかでも被害を明確に、そして象徴的に被っていた胎児性患者たちが直面してきた課題は問題意識の外にあった。認定制度からこぼれ落ちるものとしての被害の意味内容を解明してきた被害という視座からは、被害を認められたその先にある自立という課題はかすんで見えない周辺にあった。

2　障害学という試み

原田正純は胎児性患者が自立していける条件が整わない限り水俣病問題は終わらせてはならないと述べた。それでは、胎児性患者たちは自立という言葉で何を訴えてきたのか。そして、それはいかなる意味で補償されてこなかったのか。また解決の道筋はどこにあるのか。こうした点について議論していくにあたりこの節では次のことを確認する。

「はじめに」で被害と向きあう環境社会学の周辺に障害という問題があると述べたが、被害の周辺に前節で述べたような問題があるとしてなぜそれが障害なのか。そして、数ある障害に関する学問分野のうちでなぜ障害学なのか。以上を議論したうえで、被害という視座からは見えない位置にある胎児性患者たちの自立という課題を本書では「ディスアビリティとしての被害」と名付ける。

1　障害学という試み

障害という言葉を通して描き出される事態は、障害学の登場とともに大きな転換を遂げている。一九八〇年代以降主にアメリカとイギリスで発展した障害学は九〇年代後半頃より日本でも議論されるようになり、二〇〇三年の障害学会設立以降本格的に始まる。「障害あるいは病気をもつ者の当事者学」という側面を持ち、「障害の否定」との闘いを目的とするように（杉野、二〇〇七：一～五）、障害学はそれまでの障害研究とは異なり、医師やリハビリテーション、社会福祉領域の専門家により独占されてきた障害の定義や知を障害者の側に取り戻すことをめざしてきた。

障害学という試みの歴史的意義は、障害者が経験する困難の根拠を個々人の属性に求めるそれまでの障害理解を逆転させた点にある。障害学登場以前の障害研究に支配的であった障害の「個人モデル（医学モデル）」では、障害者が直面する困難や不利益を克服するために、その身体的・知的・精神的機能不全を診断し、治療あるいはリハビリテーションをしたうえで社会に適応できるようにすることがめざされてきた。これに対して障害学の基本的な認識枠組みである「障害の社会モデル」は、回復・改善するのは個人ではなく社会の側であることを前提とすることで障害をめぐる現象に対する認識のパラダイム・シフトを促した。

障害の社会モデルの要点は障害を二つの表現で使い分けたところにある。一つが個人の身体の機能的特質としての障害（インペアメント〔impairment〕）であり、もう一つが、インペアメントがあることで社会活動の際に生じる不利や困難としての障害（ディスアビリティ〔disability〕）である。目が見えないことや手足が自由に動かないことはインペアメントの位相に位置し、労働や移動の際に目の見える人びとや手足が自由に動く人よりも劣位な状況に追いやられ、不利益を被ることはディスアビリティの位相に属す。

もちろん障害者個人の中で障害が二つに分割できるということではない。個人の中ではインペアメントとディスアビリティが相互に浸透しあいながらも、理論的・運動的には両者を概念上区別し、後者に焦点をあてるのが障害の社会モデルである（星加、二〇一三：二六～二七）。これを基に障害学はインペアメントを理由に障害者から「さまざまな可能性を剥奪する社会のしくみ」（市野川、二〇〇七：二三六）を問う。ディスアビリティの位相を主題とすることにより、障害学は従来の障害に対する認識や障害者が抱える困難の解決を個人の側から社会の側へと投げ返し、その本質を差別や不利益の問題へと転換させた。

障害をディスアビリティの側から問題化する社会モデルは、障害者の経験する困難の根拠を個人に求めようとする認識の転換を促すだけではない。「社会モデルは『ものの見方』を語るだけのものではなく、差別禁止法という『実践モデル』を伴っている」（杉野、二〇〇七：七）といわれるように、インペアメントを理由に障害者からさまざまな可能性を剥奪する社会の仕組みを変えていくことを大きな目的としている。さらには、障害者が困難を経験する社会的場面の背後にあるマクロな社会構造とディスアビリティの関係についての理解を進展させるところに社会モデルの意義がある（星加、二〇一三）。

2　ディスアビリティとしての被害

以上を学問的前提とする障害学は、問題解決を志向するという点で本書の基本的な枠組みである環境社会学と共通の目的を持っている。環境社会学は被害が認定基準や賠償金額の水準に切り詰められ、そうした次元での被害を押し付けられる状況に異議を申し立てたところから始まる。被害構造論とは被害者の側に立つことを起点とし、そこから描き出された被害の実像を土台として加害構造を捉えていくという「理論」であった。一方、障害学は障害が個人の次元でことさら取り上げられ、その克服や回復が障害者個人に課せられてきた状況に異議を申し立てたところから始まる。

障害者が経験する困難の根拠を社会の側に求めた障害の社会モデルは、障害者をさまざまな理由で排除しようとする健常者中心の制度や社会構造、認識枠組みに対する問題提起を行ってきた。いずれの学問も被害－障害に関する知や定義を独占してきた専門家や学問に対して異議を申し立て、そうではない被害－障害のあり様を描き出してきた。本書が障害という概念を定義するにあたり障害学を援用する理由は二つの学問の類似性にある(9)。

日本で障害学が成立して以降、障害学は一度、学問として水俣病と向きあっている。二〇〇八年に障害学会第五回大会が熊本学園大学で開かれた際、「スティグマの障害学」と題するシンポジウムが開催され、水俣病とハンセン病、そして障害学という三つの立場からの対話が試みられた。この司会を務めた堀正嗣は、反公害運動の中で胎児性患者の写真が被害の悲惨さの象徴として用いられた点など障害に対する捉え方の立脚点が障害学とは異なるものの、被害と障害、双方において外観（スティグマ）による差別や排除という共通した問題があることを指摘している（堀、二〇一〇）。シンポジウムに登壇した市野川容孝は、社会学者アーヴィン・ゴッフマンの議論を引きながら、身体的特徴それ自体がそのままスティグマとなるわけではなく、その特徴に対して否定的なまなざしが向けられるときにスティグマは誕生する点を指摘し、ディスアビリティ（可能性剥奪）に目を向ける障害学は、スティグマを生み出す関係を批判的に問い直すことをその考察の出発点にするべきとしている。水俣病という病それ自体ではなく、水俣病を周囲の人びとがどのように受け止めるかという関係性の中で被害者が差別される状況に陥るという点では、水俣病問題もまた障害学の射程に収まる（市野川、二〇一〇）。

以上のように共通の目的をもつ二つの学問であるが、インペアメントへの向きあい方をめぐって双方は異なる。被害構造論は問題把握の起点に被害者個々人の健康被害を据える。水俣病はチッソ水俣工場からの排水に含まれていたメチル水銀を原因とする公害事件であり、そしてその拡大・深刻化には国や熊本県が加担してきた。加害行為が明確に存在するという公害事件の性質上、健康被害というインペアメントの位相を抜きにすることはできない。そうであるがゆえに、そこからこぼれ落ちていく被害の社会的様相を明らかにすることの意義がある。それとは対象的に、障害の社会モデルは障害をインペアメントとディスアビリティに論理的に切り離したうえで後者に焦点をあてる(10)。ディスアビリティの原因となる社会的障壁を問題化する際、個人の身体の機能的特質としてのインペアメントがどのような過程をへて引き起こされたかは問わない。

とはいえ、ディスアビリティ概念もまた広い意味では被害という側面を含みこんでおり、その点で加害性を問題としていないわけではない。障害の社会モデルの要点が、障害を理由にさまざまな可能性が剥奪されている状況を問題化し、それを引き起こす物理的・制度的障壁の除去に加えて、その背後にあるより大きな社会構造と障害の関連を問おうとしていることを踏まえると、障害学における障害者という表現には社会の仕組みによって無力化させられたという意味での被害者性が織り込まれている。水俣病問題でいうところのチッソのような特定の汚染者の法的責任や賠償責任といった加害性ということまではいわれない。むしろ法的責任を問うことができないような次元での不利益の構造や、差別や排除を引き起こす社会の仕組みとの関係性が問題となる。

水俣病は工場排水に含まれていたメチル水銀を原因とする健康被害であるが、それと同時に、胎児性患者たちにとっては、水俣病被害者、しかもその象徴として視線を向けられてきたがゆえに、日常生活の中で追い求めることができたであろう可能性を剥奪するものであった。障害という概念は学問的作業としてこれらを切り離し、後者に焦点をあてることを可能にする。とはいえ、健康被害を起点にしないことは加害責任の問題を抜きにすることを意味しない。胎児性患者たちの自立という課題を、環境社会学的な意味での被害というよりも障害として、つまり、水俣病の被害者であることを理由にさまざまな形で被ってきた不利益の問題として捉える理由はこの点にある。

そこで本書では胎児性患者たちの自立という課題を、従来の被害とは分けて「ディスアビリティとしての被害」と呼ぶことにする。それは、認定制度などによる水俣病の定義と対置させる形で描き出されるような、切り捨てられ、あるいは矮小化されたものとしての被害という捉え方からは見えない位相にある。

本書が「ディスアビリティとしての被害」という言葉で解明しようと試みるのは、水俣病被害者、しかもその象徴であることにより投げかけられた視線により剥奪されてきた胎児性患者たちの自立の可能性とその補償のあり方という問題である。それは障害学の問題意識と完全に重なり合うものではないが、環境社会学的な捉え方からも見えにくいところに位置している。そしてこの点において、被害の問題はいまだ未解明である。

第3章 胎児性患者たちの自立と支援の変遷

第一章で述べた通り、関西訴訟最高裁判決以降の国・熊本県の予算措置による地域生活支援事業の開始とともに、胎児性患者たちの生活支援の体制は整いつつある。しかし、そうした制度が整備されるにいたる以前から、胎児性患者たちは何を訴え続けてきたのか。そして、それはどのような形で支援されてきたのか。この章では、胎児性患者たちが被害者であるがゆえに見過ごされ、剥奪されてきた自立という可能性の意味内容とその支援の変遷をたどっていく。これらのことを明らかにしたうえで、現在、胎児性患者たちがどのような体制のもとで支援を受けながら日常生活を送っているのかを確認する。

なお、本章と次章とは対になっている。そのため、次章で詳述することがらに関しては、本章では簡略に記すにとどめている。

1　自立をめぐる理念の整理

胎児性患者たちが求めた自立を記述していくにあたり、まずは本書が〈ディスアビリティとしての被害〉という捉え方を立てた際に援用した障害学における自立の理念を簡単に整理する。自立という言葉はそれが主張される運動や学問領域などの文脈でさまざまに定義されてきた。当然、水俣病被害者と障害者の間でもその意味することがらは異なる。そこで、この章では障害学における自立理念をまず確認し、その類似や差異から胎児性患者たちの主張を浮かび上がらせていく。

障害学における自立という理念を捉えるうえでの重要な転機は、一九七〇年以降本格化する障害者運動に求められる。この時期に横浜で起こった親による障害児殺しに対し、同じ境遇にある親の側から減刑嘆願運動が起こった。これに対して脳性マヒ者の団体である「青い芝の会」は、福祉政策の貧困、そして「働かざる者は人にあらず」という価値観が支配的な社会では「障害児を殺しても止むなし」とする親の抑圧性や、家族という空間のあり方に異議を申し立て、その運動を批判した（横塚、二〇〇七：四二）。また、重度の心身障害児者の入所施設である東京都府中療育センターを舞台にした闘争では、入所者の新施設への移転反対や施設内での劣悪な処遇に端を発したものであったが、その経過の中で、障害者が特定の場所に分けられ余計な処遇を受ける必要がないこと、そして基本的には生活する場は施設の外であることを訴えていった（立岩、一九九五：一八二）。当時の障害者運動は、生産至上主義が支配的な価値観の社会の中で生産活動に携われず、家族という空間、施設という制度の中で抑圧され、ときにその生存を否定される状況を告発し、そうではない生活のあり方を模索していた。

こうした中でめざされ始めた新しい生活のあり方を志向する障害者を支援する仕組みとして、一九八〇年代以降、先行するアメリカの自立生活運動の流れも受けて自立生活センターが各地で立ち上げられ、自立の理念が徐々に普及していく。ここでいわれる自立とは就労による経済的自立や日常生活動作が行えるという意味での身辺自立とは異なり、「親元を離れ、施設でない場所で、自分が生きたいように、介助が必要ならそれを得て、暮らす」（立岩、一九九九：八六）こと、端的にいえば自己決定する自立をさしていた。それは「私が私の主権者である、私以外のだれも——国家も、家族も、専門家も——私が誰であるのか、私のニーズがなんであるかを代わって決めることを許さない」（中西・上野、二〇〇三：四）、「どんな重度の障害をもっていても、介助などの支援を得たうえで、自己選択、自己決定にもとづいて地域で生活する」（同：二九）ことを求める当事者主権の主張に端的に表れている。

しかし、親元や施設から離れることが自立の目的ではない。出ることに至上の価値があるのではなく、出てその先の関係性が自立の内実を決めていく。障害者の自己決定を前提に、周囲の人びととの社会的な関係を通して築かれていくものとしているところに自立という言葉が意味することがらの要点がある。なお、出たその先の生活でまず関係が作り上げられるのは介助者だが、障害者と介助者との関係性の中での自立に対しては、介助者の介入や影響の不可避性、両者の間での相互性などの観点からの議論がある（星加、二〇一二／石島、二〇一五／前田、二〇〇六）。

以上、自立理念をその要点に絞ってみてきたが、障害者自立生活運動ならびに障害学において、自立とは、親元でも施設でもない生活を自己決定に基づき送っていくための理念でありまた技法（安積他、一九九五）として特徴づけられる。

2 「人間として生きる道」の軌跡

1 「自分で暮らしたい」

胎児性水俣病患者の存在が確認された一九六二年当時、見舞金契約が結ばれるなどして社会的な関心が薄れる中、水俣病問題は沈黙の時代にあった。こうした状況で、チッソの水俣病に対する責任が確定するまでの間、患者の生活を支えようと試みたのは主に水俣市であった。水俣市は一九六五年にリハビリテーション・センター「水俣市立病院附属湯之児病院」（以下、「リハビリセンター」と記す）を完成させ、一九七二年には認定患者が入所する「水俣市立複合施設明水園」（以下、「明水園」と記す）を開園した(1)。明水園完成時の水俣市長浮池正基は、リハビリセンターから明水園へといたる流れを次のように説明している。

医学的な診断は市立病院に併設されました水俣病検診センターで実施をされますし、それをもとにいたしまして市立病院で水俣病の治療を行います。病状が固定をいたしましたものは、リハビリテーション水俣湯ノ児病院に送りまして、ここで医学的な機能訓練を行います。このリハビリテーション湯ノ児病院で一応処置の終わった者は、いよいよ社会復帰を目ざしましてその準備のために複合施設明水園に収容いたしまして、ここで授産訓練をいたすことになっておるわけでございます。一方、胎児性の患者もこの明水園に収容いたしまして、水俣市が終生めんどうを見させていただきたい、このように考えてやっております(2)。

しかし、市が構想していた流れのようには患者は収容されなかった。胎児性患者坂本しのぶの母である坂本フジエは、浮池が出席した同じ委員会の場で次のように発言している。

リハビリテーションにまず患者さんは入っておりました。しかし、みなそこをいやがって出てしまいました。なぜ出たのかといえば、一年とか二年、三年でその病気がようなるものではありません。十何年入院しておってもどうしてもよくならぬのだから、わたしは退院する、ということで退院されたのでございます。残っているのは何人か残っていて、その人たちはまだ訓練を続けておるし、今度明水園ができたので、その明水園に移されたのだと思います。

胎児性患者たちの入所もまた容易には進まなかった。当時、水俣で現地調査を行っていた熊本短期大学の内田守は胎児性患者とその家族の悲惨な生活を目にし、リハビリセンターへの入院を勧めたが、「こんな寝たきりの子供で、食事は毎度サジで与え、一時間近くもかかり、一日に何回もオムツを変えねばならず、又言葉がよく出ないので、いろいろの要求も以心伝心に察知せねばならぬことが多く、到底他人では介護が出来ぬ」(内田、一九六五：二八)といわれ、拒まれた経験を記している。

リハビリセンターへ預けられない状況の中、患者たちは自宅療養を続けざるをえなかった。胎児性患者のいる家庭のこうした急迫した状況を目にし、内田の調査に参加していた学生らが中心となり、水俣病にかかった子どもたちを物心両面から励まし、前途に明るい光を与えようという目的で「水俣病の子供を励ます会」を組織し、映画会や手芸品の即売会などを開催して付添婦の費用を集める活動を行っている。しかし、これは中心となっていた学生の卒業とともに下火になる。これについて内田は「か弱い学生が、付き添いを三年余も続けたこと自体異常なことではなかったか。重症の心身障害児施設では一人年五十万円の費用を使っているのに、水俣の子供はチッソ工場から年五万円の見舞金しかない。人権擁護の立場と、人間の良心の問題として、もっと監視を持ち続けねばならないと思う」(3)と語っている。当時、胎児性患者たちは見舞金契約に基づく「補償」として年金五万円(年額)しか受け取っておらず、周囲の善意に頼らざるをえない状態にあった。

結局、水俣市が患者用に用意したベッドが埋まることはなかった。宇井純は開院から三年目のリハビリセンターについて、「市のただ一つの悩みは、在宅患者がいろいろな家庭の事情で入院したがらず、水俣病の入院患者がわずか十数名で、水俣病のための病院が名目だけという点にある」(宇井、一九六八:一六四)と批判的に述べている。

リハビリセンターでの治療を終えた患者が入所する施設として構想された明水園もその後軌道修正を迫られた。軽度の患者は社会復帰をめざし、重度の患者は生涯収容することを目的として胎児性患者一〇名、成人患者三名の入園で始まった明水園は一九七四年三月には定員四〇満床となったが、一方で授産施設は開園当初から利用希望者がほとんどなかった。そこで明水園は、一九七七年一月、授産施設を廃止して入園を二〇床増床し、名称を「重度心身障害児(者)施設　水俣市立明水園」と改称した。

だが入所者が増大するに伴い高齢化と重症化が進んでいったことで、市が「終生めんどうをみる」としていた胎児性患者は少数派に転じていく。園内では寝たきりの患者などの処遇や療養の重要度が増し、胎児性患者を主とした療養活動に時間を振り分けることが困難になり、その対応は次第に後回しにされていく。こうした明水園の変化の中で、比較的症状が軽く、当時自由に行動できていた若い胎児性患者の「自立生活」の様子が園の二〇周年記念誌に記載されている。時期は明記されていないが記述内容から一九七五～七六年と推測される。

自立生活への導入

中学校を卒業し、成人式も迎え大人の仲間入りをしたK君とK子さんの二人に対して、これからの園での処遇についての問題が起こってきた。今までは朝から夕方まで学校での生活が主であったが、卒業後は園で過ごさねばならない。そこで日常生活動作が自立している二人に、指導員、保母の仕事を手伝ってもらうことにした。助手的な役割で、小鳥や兎の世話、通学児の手助け、車椅子移動の手伝い、寝たきりの胎児性患児の身辺の援助等いろいろな仕事を手伝うよう指導した。このような仕事を通して、この二人には、自覚と責任感が芽生えてきた（社会福祉法人水俣市社会福祉事業団二〇周年誌編纂委員会、一九九二：一三四）。

その働く様子はドキュメンタリー映画『わが街わが青春――石川さゆり水俣熱唱』（後述）にも収められているが、胎児性患者たちは日常生活動作ができることをもって自立していたとは捉えていない。

この二人はその後明水園を出て親元に戻っている。K君として登場した金子雄二はその理由を「あ・ん・ま・り……、じ・ぶ・ん・で……で・き・な・かっ・た・も・の」と振り返っており、K子さんとして登場した加賀田清子は「自分で暮らしたい」と思ったと語っている（加賀田他、二〇〇六：一二六）。自立は施設の外で模索されていくことになる。明水園で暮らしてきた患者にとって、自分で暮らすということという意味での自立は一つの大きな希望であった。しかし、これは関西訴訟最高裁判決をへた二〇〇四年以降まで待たねばならない。

2 「仕事ばよこせ！」

これに加えて、自立には自分で働くことというもう一つの意味がある。社会学者の日高六郎は明水園訪問の際に加賀田清子が働く姿を目にしている。その後、水俣病センター相思社で催された市民講座の場で次のように述べている。

……補償金をもらっていても働くという問題があるのです。ある水俣病の患者さん、これは大人の患者さんですが、まだ若干働けるので、ある人に相談したそうです。ところが、その人は自治体の職員さんだったそうですが、言うことには、あなたは補償金をもらい、年金をもらっている、働かなくても生きていけるでしょう、だから働かなくてもいいんですよ、ということだったというのです。これは絶対に間違いですね。つまり働くということがなければ人間には生きがいがないのです。（中略）働きたい人に働く場を提供することが、水俣病患者の被害をほんとうに救うことになるというのは、全く自明のことでしょう（日高、一九八〇：一八七〜一八八）。

胎児性に限らず水俣病患者が働く場の確保は、第一次訴訟後を見据えた課題として一九七〇年代の初頭から支援者たちの間で議論されてきた。一九七一年、当時水俣病を告発する会の代表を務めていた本田啓吉は、相思社開設への端緒となった「労働コロニーの建設を　水俣病闘争の課題」と題する文章の中で、患者とともに働く場を作り上げることの必要性を次のように訴えている。

水俣病患者を核とする労働コロニー建設のこと

胎児性患者の親たちは、口をそろえて「あとを誰が世話してくれるのかと思うと、死のうにも死ねない」と嘆く。それほど重症でない若い患者たちも、今や二〇歳から三〇歳になってきている。彼等を待ちうけている就職と結婚問題での困難は、改めて加害者チッソのつくり出した罪業の大きさを思いしらせずにはおかない。（中略）

いま取り組んでいるのは、水俣に「水俣病患者をかこむ作業所」を建設することである。

いま、水俣市に家を一軒借りて「水俣の家」と呼び、現在三名の者がそこに住み込んでいる（水俣を訪れる人でここに宿泊していく人も多い）。その三人は水俣で適当な場所を探し、その土地を買うか借りるかして、そこに作業所となる家を建てることを任務の一つとしている。その作業所を、個人的にはなんの人生の目標もたてられずにいる若い動ける患者たちが、好きな時に好きな仕事を、そこで作業するみんなと共同してやれる場にしたいのである。そして、一歩一歩拡大して、将来は

「胎児性患者もふくむ患者を核とする労働コロニー」にまでしたい。私たちが自力でそれをなしとげたとき、私たちはチッソにも行政権力にも実質的にとどめをさしたことになるのではないかと思う（東京水俣病を告発する会、一九七一：一八九）。

しかし、第一次訴訟が患者側の勝訴に終わりチッソの責任が確定すると、支援者とともに働く場を自力で作り上げることよりも、それをいかにチッソに補償として認めさせるかという闘いへと移っていく。だが胎児性患者たちにとっては、「補償金を取っても、生きていくことがすなわち闘い」（岡本、二〇一五b：二四五）であった。一九七三年三月、水俣病第一次訴訟の判決直後、当時二〇歳前後の比較的症状の軽かった胎児性患者たちによって結成された「若い患者の集まり」(4)は「〝万歳〟いうな!! 闘いは今から始まる」と題するビラを作成し、勝訴判決をもって水俣病問題が終結してしまうことを危惧し、仕事も見つからない中、いずれ訪れるであろう親亡き後の不安を吐露している（田尻、二〇〇九：二三二）。また、この会のメンバーである江郷下一美(5)は、補償協定締結へといたる東京でのチッソとの直接交渉の場で次のように訴えている。

……俺、今二十五になった。ばってん、まだ嫁さんもききりゃせん。こんな病気でみんなに嫌われて。おるが妹はわっどんが殺したろうが。ばってん、そんこつじゃなか。銭で解決するこつじゃなか。答えろ。こんな重体にだいが嫁さんに来てくるっか。こん来てくれん嬶（かかあ）はお前どんがと（奪）ったんじゃろうが。こんガンタレチッソつくらにゃ、こんな病気起こらんとよ。俺二十五になって何の仕事もでけん。どげんして生活してくとかな。生活の面倒ばみろ（石牟礼編、一九七四：一九七〜一九八）。

チッソは患者の生活をどう面倒みていくのか。当時、胎児性患者たちにとって働くことと結婚とあわせて金銭補償では解決されない問題の一つとして大きな位置を占めており、それは同時に運動的な課題でもあった。一九七五年四月と五月、訴訟派と自主交渉派が合体してできた水俣病患者同盟は若い患者たちの要求を取り上げ、チッソと交渉を行っている。この場に胎児性患者たちも数名参加したが、チッソは「会社はこういう不景気な状態でですね、なかなか仕事がございませんのでね、今雇っていただきたいという御用件についてはかんべん頂きたい」（岡本、二〇一五b：二五四）と繰り返すばかりであった。

こうした交渉の間に作成されたのが「仕事ばよこせ！　人間として生きる道ばつくれ!!」（資料G1）と題された文書である。そこには次のような一節がある。

働けないのに生きてゆかなくてはならないつらさは、働いて仕事してゆくときの苦しみより、ずっと苦しいんだよ。働けないことがよけい病気を悪くしてしまうんだ。それは自分でもようわかっとるばってん、今おれどこで働けばいいの？　金もらって幸せだといってもらいたくないよ。遊どって暮しとって良かねち、いってもらいたくないよ。水俣病ば治せて会社に要求してもかいがないから、しかたなしに金もらったんじゃないか。しかたなしに……。

世の中すべて金じゃないよ。金で人間の命買えるわけないじゃないか。間違ってるよ、会社は。金よか、身体が欲しい。元気な身体が、ピンピンした身体がね。人の一生ば金ですまそうとおもっとかあ、会社は？　狂ってるよ会社は。気狂いだよ。

…………

責任ばとれえ！

仕事ばよこせ！仕事ばよこせえ!!

おれたちの人間として生きてゆく道ばつくれえ！

いいかチッソ、人殺しの責任と、おれたちの生きとっても殺されとる「人間」ちゅうもんば、改めてのしばつけてかえしてもらおうばい!!

だが、こうした主張は被害者の側からも徐々に支持をえられなくなる。交渉が進展しない中、若い患者らは座り込みに打って出ようとするが、この行動は被害者団体や市民会議からも反対される。当時、水俣病患者同盟を抜け、一方ですでに結成していた水俣病認定申請患者協議会で未認定問題に取り組んでいた川本輝夫は、「会社は座り込みを口実にして倒産するという噂もある。俺ァ反対じゃ。申請患者にも良か影響は与えん。危険が多過ぎる」といい、水俣病市民会議会長の日吉フミコは、「私らは、はっきり言って今まで若い患者の問題を放置してきた。誠にすまないと思う。若い人の気持ちを聞けば胸がひき割かれるほどに痛いが、私はこの座り込みは支持できません」（同前：二五九〜二六〇）と反対した。

深刻さを増していく未認定患者問題の中、胎児性患者たちの主張は被害者運動の中心的課題ではなくなっていった。第二章で引用した「認定の問題やお金の問題も大切やけど、大人とちがって、お金の問題ではない。（大人は）自分たちのことばっかし。若いもんのことは誰も考えてくれん」という胎児性患者の言葉はこうした文脈の中にある。補償金だけでは問題は解決しない。しかし、それは当時の水俣病闘争では支持をえられることはなく、中心的な要求項目とはならなかった。

その要因としては、未認定患者の増加に加えて、明水園がそうであったように、徐々に水俣病被害者全体の中でも胎児性患者たちが少数派に転じたことがあげられる。岡本・光永（一九八〇）は一九六八年九月、水俣病が公害であるとする見解が出された際には認定患者（六九名）の中で三〇歳未満の患者の割合が六八・一％でもっとも多かったのに対して、一九七七年一〇月には六〇歳以上が五三・七％（認定患者数八三二）を占めていることから、水俣病患者対策は老人福祉の分野に移行している様子がうかがえると指摘している。当時、水俣病問題全体としては未認定患者を生み出す認定基準が、そして認定患者にとっては高齢化が主要な争点として捉えられていた。

そうした変化の中、胎児性患者たちは働く場を求めて自らチッソに要求を突きつけていく。この文書の作成に携わった（正確には話した）小児性患者の渡辺栄一は、一九七六年一二月にＮＨＫで放送されたドキュメンタリー番組『埋もれた報告』の中で「仕事をした方がいいんじゃないかと。ぼくは一晩中考えてもですね、こんな病気になったからにはチッソに要求するほかないと思うんですよ」と語っている。

翌年一月一四日、すなわち若い患者の何人かが成人の日を迎える前日、若い患者の集まりはチッソに対し申入書（資料G2）を提出し、補償協定書前文第七項（患者の治療および訓練、社会復帰など患者とその家族に対する福祉の増進）の実現を迫った。翌一五日には、成人式の会場前で「成人式を迎える若い市民の皆さんへ」（資料G3）というビラを手渡し、問題がまだ一つも解決していないことを訴え、そのすぐ後にチッソ水俣工場で交渉した。これは胎児性患者たちが初めて独自に行った要求であったが「あなた方のお気持ちはよくわかりますが、今の丈たいでは、道（どう）することも、できないので、かんべんしてください」（渡辺、一九七八：八）と拒否されて終わる。翌月、若い患者たち数名は東京でも交渉を行っているがそこでも進展はなかった(6)。

チッソだけではなく被害者団体からも容れられることのなかった胎児性患者たちの働く場を求める訴えは成果がえられない中、結果的には本田啓吉が労働コロニー建設の中で構想したように支援者との関わりの中で模索されていくことになる。一九七四年に開所した相思社の共同作業所であるキノコ工場が完成し、ここに前述した患者江郷下一美らが参加している（水俣病センター相思社編、二〇〇四）(7)。一九七八年九月には若い患者の集まりが主体となり「石川さゆりオンステージ」というコンサートを実現させた。この成功に向けて胎児性患者たちは一夏を費やしイベント告知やチケット販売を行い、当日の会場運営までを乗り切る。その様子はドキュメンタリー映画『わが街わが青春――石川さゆり水俣熱唱』（監督：土本典昭、一九七八）に記録されている。

なおこのコンサートの実現と成功にいたるまでには、当時環境大臣であった石原慎太郎の口利きという伏線がある。長官就任当初、水俣病の症状があると思われる人に対して原爆手帳方式の「健康手帳」を交付する案を考えるなど水俣病問題に対して意欲的であった石原は、一九七七年四月に初めて実施した水俣視察で明水園を訪問した際、「動ける胎児性患者と話がしたい」という希望で若い患者の集まりと対面の場を設けている。ここで、国の無策を批判した抗議の声明文「環境庁長官 石原慎太郎殿」（資料G4）を若い患者の集まりが手渡した(8)。これは次のような一節で締めくくられている。

しごとをわたしは、したいとおもうけど、わたしにあうしごとは、ない。かいしゃにようきゅうしたが、かいしゃは、わたしたちの、ことをなにもかんがえてない。なぜか、かんがえてみろ。とうきょうにかえってからもういっぺんかんがえなおしてみろ。いしはらは、いばっとる。じぶんがあいたいというのなら、それなりのてつづきをふめ。

これを目にした石原は「失礼だが、ここの患者さんがこんな文章が書けるのか……。だれかがやらせたのではないか」などと発言して患者側から非難をあびる。これについてはその後も取り消さなかったが、その一方で患者のために何かしたいという意欲を示し、「身体が動かせる若い患者の仕事を得るために国会議員レベルによる救済組織を閣議で提言する」と述べるなどした(9)。こうした動きに対して原田正純ら支援者側が、胎児性患者がコンサートをやりたいと考えているという旨の打診を石原側に持ちかけて交渉を行った。当時、若い患者の会のメンバーであった滝下昌文が中心となり「石川さゆりを招ぶ若い患者の会」を結成し、コンサートの利益で若い患者の集会場を作ろうとしていた。最終的には市が会館の使用料を半額にしたことも手伝って「石川さゆりオンステージ」は開催された。働きたいという要求が実現した瞬間である。しかし、それは一夏のできごとであり仕事として続くものではなかった(10)。

3 「私の生きがい」

その後も胎児性患者たちの模索は続くが、チッソや行政に対して要求を突きつけるという形式は取られなくなっていく。相思社を拠点にして援農援漁のかたわら患者の聞き取りなどを行う水俣実践学校(一九七七年〜)や、これを発展させた一年間のフリースクール形式の水俣生活学校(一九八二年〜)の活動に参加する者、障害を持つ人の自立をテーマに地域の高校生や市民とともに結成した「これから一歩の会」などの活動に参加する患者もいた(加藤・小峯、二〇〇二:三二)。

明水園を出た加賀田清子らは、生活学校の卒業生である金刺順平が中心となりに始めた手漉きの和紙づくりを行う「浮浪雲(はぐれぐも)工房」(一九八四年〜)で働き始めた。金刺が「あえて言葉にすれば、一人ひとりにとっての在り方、生き方の模索がこの場の目的」(金刺、一九八六:七六)(11)と述べるように、この工房が胎児性患者たちの将来的な仕事の場として構想されていたわけではない。またそこには七〇年代のようなチッソに「仕事をよこせ!」と迫るような主張はない。だが、石牟礼道子は「あの人たちは今まで、水俣病のシンボルのような存在にされ、肩を張って生きなければならないような面がありました。でも、紙漉きを始めてから、表情が生き生きして、やっと生きがいを見つけたみたいです」(12)と記している。とはいえ、水俣病問題全体としてみれば、大規模化していく未認定問題の陰に隠れて認定された若い患者の訴えや活動の変化は見えにくいものであった。

さて、胎児性患者たちが働く場を作るようチッソに要求していた頃、同時に、「おやがしんでもうたら、こじきもやれんこんからだで」とも訴えたように親亡き後は大きな不安としてあった。こうした不安は親自身も同様に抱えており、補償金を用いて建て直された家はそうした不安解消のためでもあった。ことさら豪華に見えることから市民からは「奇病御殿」として差別的に見られたが、患者の生活空間を調査した西村一朗は胎児性患者の父親の次の言葉を書き残している。

この子供のゆく末長い生活を考えると、社会的看護に期待が持てない限り、自分達両親なきあとは親せきか誰かにこの子を託さざるをえず、そのため、せめて住宅でも良くしておこうと思った（西村、一九七七：五二）。

こうした親の言葉を受けて西村は、「一方での胎児性・小児性患者の成長、高齢化に伴う体力増強、他方での祖父母、父母の老齢化、世代交代による看護人の能力低下、不在化は単に個人的な生活困難の問題ではなく、社会的な家族問題としても将来重大な問題となることが予想される」（同）と指摘している。しかしこの懸念が現実化するのはまだ先の話である。一九九〇年代はむしろ「親の老齢化が進む中で、介護を含めたケアの問題だけでなく、さらにこれからの人生をいかに価値あるものにしていくかという実存的問題が、救済や補償の制度的問題の枠を超えて切実に問われ始めた」（小林、一九九一：一三一）時期であった。「高齢化に伴う体力増強」とあるように、壮年期のただ中にある胎児性患者たちにとって働く場をえることは引き続き大きな目標としてあった。

しかし、それは依然として実現にはいたっていない。一九九一年一二月にＮＨＫで放送されたドキュメンタリー番組「写真の中の水俣～胎児性患者・六〇〇〇枚の軌跡～」の中で、三六歳になった金子雄二は、毎朝開店と同時にパチンコ屋へ行き、日が落ちると行きつけの居酒屋に通う生活が日課として描かれている。周囲からは遊んでばかりいないで何かしなさいといわれるが、それに対して金子は「仕事をしたいけど、できんと。それは自分でも考える」と語っている。障害者が働ける施設があると聞き大分県まで行ったが、それは金子にできるような作業ではなかった。明水園を出た後親元へと戻った胎児性患者たちにとっては、親亡き後という将来の不安を抱えながらも今働く場をえることが大きな課題であった。そしてその切実さは七〇年代の頃よりも増している。

働くことへの意欲はあるがその場所がないという胎児性患者たちの思いに応えようとする試みは、一九九二年に水俣で開催された国際会議の場で開催された胎児性患者の写真展をきっかけに結成された「カシオペア会」の活動を通して徐々に始まっていく。これを主催した一人であり、後述する「ほっとはうす」の施設長の加藤たけ子はカシオペア会の目的を次のように語っている。

……この会の中で、当時三〇代の半ばにいた胎児性の患者さんたちは、自分の兄弟が結婚をして、子どもを産んでという状況の下で、家族の中での孤独感とか、自分の親も年老いていくという現実の姿を見ることで、自分が将来どうなってしまうのだろうかという不安をそれぞれかかえていたのですね。

そうした不安を語り合う場として、まずカシオペア会があったのだと思います。1か月に1回、ともかく地道に数年間例会を繰り返しました。この例会というのが、一つには、共通の悩みを語り合う場でした（加藤・小峯編、二〇〇二：一七）。

この会が始まる時、胎児性患者たちには「家族から自立して生きていきたい、しかも自分で働いて、自立した一人の水俣市民として生きていきたいという彼らの強い訴えがあった」（加藤、二〇〇六：一四四）という。たとえば自宅で暮らすある胎児性患者の一人は「自立している仲間は少ない。親だけが頼りで、親が死んだら、行き場はない。望むと望まざるとにかかわらず、明水園に行かなきゃならない仲間も多いだろう。酒も飲みたい、自由に外出もしたいのに、規則がある施設の居心地がいいわけない」と語っている(13)。「自立した一人の水俣市民として生きたい」という訴えの背景には、親亡き後は明水園以外に行き場のない状況への不安がある。こうした思いを語りあう場として始まったカシオペア会の活動から、胎児性患者たちの自立とその支援の活動を中心的に担っていく「ほたるの家」と「ほっとはうす」が誕生する。

■「ほたるの家」

「水俣ほたるの家」（以下、「ほたるの家」と記す）は、一九九六年、被害者が集い、学び、ともに働く場として、そしていまだ明らかにならない水俣病被害および未認定問題に取り組む場として結成された。被害者団体の一つである水俣病被害者互助会や水俣病市民会議の活動に参加していた人びとが中心となっている。一九九五年に始まる未認定患者に対する政治解決の最中であり、「ほたる」という言葉は、水俣病問題はこれで最終解決ではないという意味での「小さな灯」、そして活動の拠点であるプレハブ小屋(14)が夏にホタルの舞う水俣市の湯出川の側に置かれたことから名付けられた。設立宣言は次のように書かれている。

共同作業所「ほたるの家」設立にあたって

水俣病は今、公式確認から四〇周年を迎えました。政府の解決策を殆どの未認定患者が受け入れ、認定・補償をめぐって争われてきた訴訟の多くが、国や県と和解することによって、水俣病事件が全面解決したかのような報道がなされています。しかし、私たちにとって、水俣病が終わったなどとはとても思えません。被害者にとって、病としての水俣病は一生続くのです。認定や補償は、その病を癒す最初の一歩であるはずです。

……被害者にとって、まず必要なのは十分な医療と安心して継続しうる自立した暮らしであり、ともに学び働く場です。

私たちはこの六月、水俣市に終わらない水俣病に取り組む場として「共同作業所・水俣ほたるの家」をつくりました。私たちは「ほたるの家」を水俣病被害者が集い、学び、ともに働く場として活用していくとともに、水俣病を終わったものとしようとする力に対する異議申し立ての場にしたいと思います。水俣病問題の真の解決のため、行政や企業の責任を明らかにし、被害の調査や未認定の問題にも取り組んでいきたいと考えています。多くの方々の賛同と協力をお願いいたします

(岡本、二〇一五c：二三二〜二三三)。

ほたるの家の結成とその後の運営の中心人物である支援者の谷洋一は、会としての活動は一九九六年に始まるが、これによって何か新しい事業が始まったわけではないと話す(15)。谷は一九七一年に、同じく中心的な役割を果たしている伊東紀美代は一九六九年に水俣に移り住んで患者支援を担い、買い物や病院への付き添い、食事作り、生活相談などを行ってきた(塩田、二〇一三：一七九)。ほたるの家の活動はそうした一九六〇年代末以降始まる支援活動の延長線上にある。

だが、活動の拠点としての場ができたことの意味は大きかった。二〇〇二年、九州新幹線の線路建設工事が進められていた際、ほたるの家に対し強制収用の申請がなされたことがあった。このとき、ほたるの家を利用していた胎児性患者の坂本しのぶは次のような文章を書いている。

「水俣ほたるの家の私、私のほたるの家」

えェ～と、やっぱり　もう　ほたるの家は　私にとっては　やっぱり　みんなと集まったり　一緒にごはん食べたり　大切な場所だもんね。火よう日と木よう日と土よう日と、とってもたのしみになってるもんね。家にずっとおれば　私もいらいらするから……。私の生きがいば　なくしてほしくないなァ　とか思う。

やっぱり　ここはもう　なれたから　ぜったいにここは、私にとっては　ここの場所は……。ここで水俣病の話をしたり、環境のこととしてゆきたい。

残して欲しいと思う(16)。

補償金がなくても生活していけるような、そのような意味での仕事をえたわけではないが、明水園ではなく、地域で働くことを通して生きがいをえられる場がここに実現した。

■「ほっとはうす」

ほっとはうすは一九九八年一一月、喫茶コーナーを設けた共同作業所として始まる。そのきっかけは、カシオペア会のメンバーが、政治解決の一環として進められた地域再生・振興策である「もやい直しセンター」の建設ワークショップで提案した市民に出会える場・働く場としての喫茶コーナーであった。その運営を要望するために市民ボランティアとともに「つくらの会」を結成したが結局は公募で落選してしまう。これに関わった胎児性患者や市民が母体となって市街地の民家の一階を借り、「ほっとはうす」として喫茶・交流コーナーを市内の貸店舗に開設した。その設立趣意書は次のように書かれている。

今日、することがあり、今、行ける場がある。
しかも、私を必要としてくれる人がいて、場があることは、
人にとって大切な生きがいです。
「ほっとはうす」は、地域の様々な人々にとって、そんな場になれることを願っています。
現状はまだまだです。
どんな重い障がいをもっていても、地域で普通に暮らしていきたいという思いを
一日も早く実現することを　みなさんと共にめざしていきます。

1998年11月29日
「ほっとはうす」スタッフ一同（加藤・小峯編、二〇〇二：四）

ほっとはうすもまた働くことを通して生きがいをえられる場となることをめざした。二〇〇〇年四月には水俣市の小規模作業所として認可された。

だが、胎児性患者たちが一九七〇年代から要望し続けた働く場がこのように整備されていく時期は、同時に家族による介護の限界が顕在化してきた頃でもあった。また、この頃から胎児性患者自身の高齢化に伴う身体機能の低下が指摘されるようになる（土井、二〇〇二）。しかし、ほっとはうすに通う胎児性患者たちの親たちが「子どものころから散々入院やリハビリで過ごしてきた。これ以上、施設に預けたくない」[17]、「こん娘が、今より体が動かんごとなったとき、死ぬまで暮らせる場所を作ってほしか」[18]と語っているように、明水園に再び戻るという選択肢はなかった。

二〇〇二年、「ほっとはうす」代表の加藤は、胎児性患者たちの親の要望を受けて在宅で暮らしたいという患者、そして家族の希望が実現できる支援を実現するため一千万円を目標額とした「さかえ基金」を創設し、社会福祉法人格の取得をめざした。この時、加藤は「患者の衰えや親の高齢化のことを考えると一〇年後では間に合わない。多くの人に協力してほしい」と訴えている[19]。

以降、「ほっとはうす」は本格的に「『喫茶コーナーのある働き交流する場』から『障害を持つ人のコミュニティライフを支える機能も兼ね備えた場』」（加藤・小峯編、二〇〇二：一〇八）としての拠点づくりをめざしていくことになる。二〇〇三年一〇月には熊本県から「社会福祉法人さかえの杜（もり）」として認可される。事務所も移転し、事業も喫茶コーナーに加え、押し花を用いた栞や名刺の作成、パンの販売、そして、市内の小中高での総合学習や人権環境教育、修学旅行の高校生、大学のゼミ合宿に対して行う「水俣病を伝えるプログラム」など多様化していく。後に加藤は「ほっとはうす」設立の意図を次のように語っている。

「ほっとはうす」を作るということ。それはまず確かに働く場を作っていこうということなんです。みんながいつでも気楽に寄り合える場を作ろうということ。

ただ、そのことと同時に、家族が高齢化し、自分がひょっとしたら一人っきりになったときに、施設じゃなくて地域で生きたいんだと。そのことをどうしたら実現することが出来るのかということが、「ほっとはうす」の設立と同時に出てきているテーマなんです（東島、二〇一〇：二三二）。

一九九〇年代に入ると胎児性患者たちの働く場は徐々に実現していった。そして地域生活の仕組みづくりは、二〇〇四年関西訴訟最高裁判決をへて進展する福祉対策の中で具体化され、制度的に実現していくことになる。

3　支援の制度化

水俣病関西訴訟最高裁判決以降、水俣病対策の一環として国や熊本県による福祉対策が始まり、それは一定程度進展していることはすでに確認した。ここでは、それらの制度を活用して胎児性患者たちの日常生活が制度的にどのように支援されているのかを団体別に確認していく。

■「ほっとはうす」──「みんなの家」と「おるげ・のあ」

ほっとはうすは二〇〇七年度に地域生活支援事業に設けられた「施設の新設」という項目を利用して、翌年四月に一時宿泊機能を備えた小規模多機能事業型施設「みんなの家」を建設し、社会福祉事業として生活介護や短期入所（三名）、就労継続支援事業B型、在宅支援訪問を開始した。二〇一二年三月には「みんなの家」に二階建ての増築棟が完成した。これにより最大六名までの短期入所が可能となり、作業スペースも拡充された。

「みんなの家」には胎児性患者たちだけでなく、水俣病以外の障害を抱える人びとも通っている。地域生活支援事業は公益事業部門に位置づけられており、明水園入所者や福祉サービス利用上限を超えた患者の短期入所や行動援護（送迎・外出支援等）、居宅介護（身体・家事）、配食、生活介護、生きがいづくり、交流サロンを行っている。

訪問介護を担う「はまちどり」（後述）も設立され在宅を基本とした生活とその支援も整いつつあったが、しかしその限界も見え始めていた。たとえば金子雄二は二〇一一年の段階で、補償協定による年金と障害者年金を受給しながら親元で暮らし、障害者自立支援法（当時）に基づく居宅介護サービスを利用する一方で、地域生活支援事業の短期入所サービスを利用して週四回「みんなの家」に宿泊している。自宅での介護の利用時間は足りてはいるものの、徐々に歩行が困難となったためすでに車いすの生活になっており、また、母親が八〇歳を過ぎていることもあり将来的には自宅ではない場所での生活を望んでいた(20)。

そこで胎児性患者の症状や障害の重度化と親の高齢化という喫緊の事態に対応するため、二〇一四年三月、「ほっとはうす」は地域生活支援事業の「施設の新設」を活用してケアホーム「おるげ・のあ」を建設した(21)。「おるげ」は水俣の言葉でわが家を意味し、「のあ」は長年にわたり水俣病患者を支援し続けた若槻菊枝が新宿で経営したバー「ノアノア」から取って命名した(22)。

車いすを利用する患者が使えるトイレや台所などを備えた居室が一階に五部屋ある。各部屋は廊下で繋がっているものの別棟の構造となっており、二階には共同のリビングルームが設けられている。ここに入居した胎児性患者の長井勇は「前から一人暮らしをしたいと思っていました。気兼ねしないで自分の時間が過せます」(23)と述べ、加賀田清子は「二〇歳ぐらいから、いつか一人暮らしをしてみたいと思っていた。夢がかない、とても嬉しい」(24)と語っている。「自分で暮らしたい」という長年の夢がこの時実現した。

金子雄二もまたここに入居した。「おるげ・のあ」の施設管理者も務める加藤は「患者の皆さんが還暦を迎える前に、家族から自立して暮らせるモデルを作りたかった。患者さんが安心して、最後まで人生を送れる家にしたい」(25)と、ケアホームへの入居を自立という言葉で表現している。任意団体の共同作業所として一九九八年に設立されたほっとはうすは、およそ二〇年をかけケアホームでの自立生活を支援する社会福祉法人にまで向かうことになった(26)。

■「ほたるの家」――「遠見の家」

ほたるの家は、地域生活支援事業の補助事業者となるためには非営利団体である必要があったことなどの理由から、二〇〇七年に「NPO法人水俣病協働センター」を立ち上げた。二〇一二年には日中活動の拠点として「遠見の家」を新たに開設した。在宅支援としては身体介護や家事援助のサービスを提供し、ほたるの家と遠見の家では生きがいづくり事業や交流サロン事業を行っている。しかし、胎児性患者たちに加えてその家族の介護も必要になる中、ほたるの家のスタッフだけで対応することは難しいため、訪問介護事業を行う「NPO法人はまちどり」から居宅介護ヘルパーの派遣を受けている。

■「はまちどり」の誕生

胎児性患者たちの在宅生活に対する支援は、地域生活支援事業の開始によって項目としては充実していったが、その一方で、ケアワーカーや事業所の不足という問題が明らかになっていった。胎児性患者たちの働く場や日中活動の場として始まったほたるの家やほっとはうすのスタッフだけでは対応しきれず、在宅介護等に関するノウハウにも限界があった。また、水俣にはそもそも障害を持つ人の在宅介護を担うヘルパーや事業所が十分になかった。ほっとはうすの代表である加藤が「『ふつうに生きる』ことを根底から支える仕組みが早急に必要だった。在宅支援の具体的実現に迫られていた」(加藤、二〇一一：一六)というように、親の高齢化がますます進む中で支援の体制づくりは急を要していた。

そこで、二〇一〇年一〇月、被害者や支援者からの要請を受けた熊本県高齢者障害者福祉生活協同組合の関係者らが中心となり在宅訪問介護事業を担うNPO法人「はまちどり」を設立し、訪問介護事業所の指定を受けた翌一月から事業を開始した(27)。現在では訪問介護サービスを中心に、地域生活支援事業（訪在宅支援訪問〔身体介護、家事援助〕、外出支援、交流サロン「ちどりす」）などのサービスを提供している。

■「明水園」の変化と「ぬくもりの家　潮風」

明水園でもいくつかの変化が生じている。熊本県は二〇一一年に明水園内に胎児性患者が親と一緒に短期入所することのできる家族棟「ぬくもりの家　潮風」を建設した。県は、家族棟に配置された支援人による介護や明水園での治療・リハビリを利用することができ、自宅での家族の介護負担が軽減されることで患者が安心して生活を送ることができるようになると説明している。同時に三家族までが利用することができ、一日から一年程度までの利用が想定されている(28)。この建物は、地域生活支援事業内の家族棟運営事業に位置づけられており、明水園を運営する社会福祉法人「水俣市社会福祉事業団」が県からの受託事業として行っている。明水園ではその他に、地域生活支援事業として「ぬくもりの家　潮風」を利用した明水園入所者が通院や買い物などで外出するときや、社会福祉事業団が運営する障害福祉サービス事業所「わくワークみなまた」（就労移行支援、就労継続支援B型）に通う際の外出支援サービスを行っている。

二〇一二年四月、明水園は、児童福祉法の一部改正等に伴い重症心身障害児（者）施設から、障害者自立支援法の障害福祉サービス事業所（療養介護）へ移行した。これに伴い、以前は認定患者であれば入所できたが、今後はこれに加えて障害程度区分五もしくは六であることが療養介護事業所としての明水園に入所する条件となった。本書が対象としている胎児性患者たちは障害者手帳を所持している人も多いが、認定患者すべてが障害者手帳を持っているわけではない。現時点では六五床で満床であるが、可能性としては、将来的に明水園の入所者が減少していくことも考えられる(29)。この点については第五章で補足する。

4　胎児性患者たちの自立生活運動

胎児性患者たちは、被害者として生まれてきたことで奪われた、あたり前に可能であったはずの自立の実現を求めてきた。その主張は、いくつかの点で障害者運動のそれと類似している。

第一に、胎児性患者たちは自立という言葉で「自分で暮らしたい」と訴え続けた。生活の場は明水園という施設だけでも、親元でもないという主張は自立生活運動のそれと変るところがない。しかし、後者の点で胎児性患者たちが直面したのは家族という空間が持つ抑圧性ではなく(30)、家族介護の将来的な限界であった。その意味で、水俣で問題化した「社会的看護」とは、ケアという行為から家族という境界を取り除いていこうとする「ケアの社会化」(市野川、二〇〇〇)では必ずしもない。

介護の限界は二〇〇〇年代に入り、主な介護者である母親の高齢化と、胎児性患者たち自身の加齢に伴う身体機能の低下や障害の重度化によって喫緊の、そして現実のものとなる。これにともない、自立という言葉は自己決定に基づく生活というよりも親亡き後の生活という意味を帯びるようになる。こうした自立の意味内容の転換期に関西訴訟最高裁判決が出され、これを契機として胎児性患者たちの自立とその支援は充実化していく。若い頃明水園に入所していた患者が長年抱き続けてきた一人暮らしという自立の夢もこの時に実現した。現在、胎児性患者たちの自立生活は一人暮らしや家族・親族との同居、そしてケアホームなどさまざまな形態で実現している。

第二に、自立とは「仕事ばよこせ!」であった。第一次訴訟終了後、若い患者の集まりは補償金では問題は解決しないと訴え、「仕事ばよこせ! 人間として生きてゆく道ばつくれえ!!」と要求した。胎児性患者たちは認定補償されたことにより働くことの可能性が剥奪されていた。より正確にいえば、奪われたのは、日高六郎が加賀田清子の明水園での活動から引き出したように、働くことによる生きがいである。一方、青い芝の会は生産至上主義の中で生産活動に携われない障害者を施設に追いやり、ときにその生存を否定する健常者中心社会という支配的な価値観を批判した。胎児性患者たちは認定補償をもって解決とする周囲の視線や加害者に対して自らが働くことから切り離されている状況を、青い芝の会は健常者中心社会に対して働かざる者人に非ずという社会的風潮の中で障害者が切り捨てられている問題を提起した。いずれも働くことをめぐる価値づけに対して異議申し立てをした。

だが、胎児性患者たちにとって、それを訴える相手はチッソをおいて他にはなかった。水俣病は公害事件である以上その加害者が明確に存在しており、自立を実現するときにも補償問題を抜きにすることはできない。ゆえに若い患者の集まりは、加害企業であるチッソに対し補償協定書前文第七項の実現を迫った。胎児性患者たちの自立を求める運動は、補償獲得闘争とは異なる軌跡をたどりながらも(31)、その経験を活かしながら進められてきた運動であった。だがチッソはこれに応えることはなく、また被害者団体や支援者から水俣病闘争における要求項目として徐々に支持をえられなくなっていく。未認定問題が本格化する中、若い患者の訴えは第一義的な運動目標とはならなかった。

胎児性患者たちの働く場を求める運動は、実態としては支援者との関わりあいの中で模索されていった。一九八〇年代に入るとチッソに対してその主張をぶつけるような激しさは見られなくなる。それは、石牟礼道子が浮浪雲工房で働く胎児性患者たちに見たように、水俣病被害の象徴として肩を張って闘うのではなく、仕事をすることそれ自体に生きがいを見つけていく方向への転換点でもあった。一九九〇年代以降、ほたるの家やほっとはうすの設立により徐々に生きがいとしての働く場は実現するにいたった。そして、「自分で暮らしたい」という要求と同様に関西訴訟最高裁判決以降、胎児性患者たちが長年追い求めてきた生きがいとしての仕事は地域生活支援事業の項目として補助されるまでになった。

チッソという具体的な加害者の存在、そして運動的にも政治的にも争点化した未認定問題の陰で胎児性患者たちの自立は問いとして着目されてこなかった。しかし、支配的な価値観に異議を申し立て、剥奪された自立の可能性を求め続けたその運動は、同時代的に発生し、その後自立生活運動へと展開していく障害者運動の主張と接近しあうものであった。

第4章 水俣病被害補償にみる福祉の系譜

この章では、被害補償における福祉という言葉の系譜を政策的な観点から歴史的に明らかにしていきたい。前章では胎児性患者たちとその支援者の視点から自立の主張の変遷を捉え、その現在地としての地域生活支援事業を中心とした福祉対策を確認したが、そもそも、水俣病被害補償の枠組みの中で福祉という言葉はどのような意図を持って用いられてきたのか。それをどのような文脈で用い、誰を対象とするのかは、水俣病問題に対する国の立場や政治的な展開の中で変遷しており一様ではない。

そこで、水俣病被害補償における福祉対策の歴史的展開を踏まえながら、福祉という言葉が水俣病問題の解決全体において持つ意味内容とその意図を、三つの時期に分けて捉えていく。具体的には、水俣病が公式に確認された頃から補償協定および公害健康被害補償法が制定された一九七〇年代前半、一九九〇年代中頃に実施された政治解決へといたる流れ、そして二〇〇四年の水俣病関西訴訟最高裁判決以降の展開という三つの時期に区分して、約二〇年おきの福祉という言葉の現れとその意図を見ていくことにする。

1　チッソ不在

1　コロニー建設と福祉工場

水俣病におけるチッソの責任が確定するまでの間、水俣市は患者を施設に収容することで問題に対処しようとした。水俣病が公式確認された初期の頃、市はチッソの付属病院に入院していた患者を医療費の負担がかからないよう「擬似日本脳炎」として公費で市の伝染病舎へ収容した。一九五九年七月には水俣市立病院に患者専用病棟を建て、患者を公費で入院させた。一九六五年になると全国の自治体としては初のリハビリテーション・センター「水俣市立病院附属湯之児病院」（以下、「リハビリセンター」と記す）を開院した。熊本日日新聞は「〝不自由者〟夢の殿堂」という見出しでこれを次のように紹介している。

市内の水俣病患者は六六人。うち二三人が市立病院の水俣病棟に入院、残りは自宅療養を続けている。二〇〇のベッドのうち、三〇ベッドは同患者のために確保されるが、小児マヒ、中風など神経症状による手足の不自由なものを収容する。敷き地は背後に緑の山を控え、はるかに天草の島々を望み、不知火海の波が打ち寄せる風光明媚の地。付近には国民宿舎「水天荘」も近く着工される予定で〝健康福祉都市〟を目指す水俣のヘルス地区になる(1)。

しかし、このリハビリセンターへの入所が市の思っていたようには進まなかったことは前章で述べたとおりである。

さて、水俣病を公害として認める政府見解の発表（一九六八年九月二六日）が近くなると、当時の水俣市長橋本彦七は、患者の施設収容をめぐって、今後始まるであろう新たな補償を意識してか次のように述べている。

> 胎児性の患者は、市が一生めんどうをみたい。そのために「コロニー」か「ナース・ホーム」のような特別の施設をつくり、付き添い婦を増やして、十分世話が行き届くようにしたいと思う。維持費、施設費を国でやってほしい。（中略）従来の患者対策は医療面が主で、福祉対策が進んでいないことを反省、特別の職業訓練所などをつくって社会復帰の一助にしたい(2)。

橋本は医療に重点が置かれていた従来の対策を反省し、今後は福祉対策を進めていくことに意欲を示した。その中で胎児性患者の対応は大きな関心であった。橋本は市議会（一九六八年九月二四日開催）の場で具体的に次のように説明している。

> それから患者を一生めんどうみるというのは、これは胎児性の水俣病に関してですね、これはリハビリテーションやる前からですね、結局はお父さんやお母さんと別れるときもあるし、子供さん

のほうが長生きするということになる、身寄りがなくなるんじゃないかと、そうしますというと、これはどうしても市でもって一生めんどうを見る必要があると、そういうふうに、まあかんがえているわけです。それでコロニーというお話が新聞に出ていますが、いまのところでは、なるべく病院に収容する、だから病院かナースコロニーですね、そして、そういう治療の効果とか、もう少し時間がたてばですね、これは家族の同意も得なければなりませんが、場合によっては家族も一緒に生活すると、そういう医療とですね、訓練と、あるいは教育と、それから生活というものを総合した特定のそういう生活の場所ですね、そういうことをまあ考えているわけです。これは前にも厚生省にも言っております。まだ時期はその早いと思いますが、そういう構想でもって、そういう案でもっていこうと、かように思っておるわけであります（水俣病研究会、一九九六：一三〇八～一三〇九）。

当時、市の福祉対策は主として胎児性患者たちを対象として想定しており、それは、最終的には施設（コロニー）へと収容する流れを意味していた(3)。橋本はこの時期、リハビリセンターに患者を慰問した熊本選出の園田直厚生大臣に、胎児性患者の特別教育機関の設置や患者療育コロニー建設などを強く訴えている。これを受けて、重度の胎児性患者たちリハビリを受けながら学習する場として、一九六九年四月、病院の一室に水俣市立小学校の分校が開設された(4)。

一九七〇年二月、新たに水俣市長となった浮池正基は橋本のコロニー構想を引き継いだが、市が要望していた患者家族も含めた治療・教育・授産などの多目的施設の建設は国には容れられなかった。そこで、市は、一九七二年一二月、コロニーに準じる施設として、児童福祉法に基づき重症心身障児（者）施設（四〇床）と重度身体障害者授産施設（五〇名）を併合した複合施設として明水園を開園した。同園は医療法に基づく病院でもある。この前月、明水園の委託運営を行うことを目的として社会福祉法人水俣市社会福祉事業団が設立されている。リハビリセンターに設けられた分校での教育課題を終えた胎児性患者たちは、その後明水園に入所することになる。

水俣市は、明水園での授産活動を通じて技術を習得した患者が社会復帰をめざして働く場所として福祉工場の建設も同時に計画していた。第一次訴訟判決が出る直前の一九七三年一月、浮池市長は水俣病患者や家族の補償解決後の生活対策として市内に福祉工場を建設する構想を明らかにした。これをめぐってはチッソ従業員が勤労報賞金全額三千万円を患者の福祉費として市に寄託、これに賛同したチッソがその同額を出資し、これを基金にして具体化を進めていた。

計画では、福祉工場は朝鮮ニンジン、サフランを使った薬用オレンジ・ジュース、山イモを加工したインスタント食品、缶詰の製造、また、プラスチックを使った製品のパッケージ加工、実験用のモルモット、ハツカネズミ、ウサギなど小動物の飼育を行い、患者、家族一五〇人が従事できる規模とされていた(5)。計画発表後、水俣病身体障害者福祉工場建設事務局が開設された。しかし、胎児性患者坂本しのぶの母である坂本フジエは福祉工場計画を次のように批判している。

少し手が不自由であっても何とかできないだろうかということで働ける福祉工場をつくりましたと（浮池市長は―引用者）おっしゃいましたが、そのときにその福祉工場はどんなのですかと聞いたときに、ハツカネズミを飼っているから、それに使いますから、そうすると給料をあげますからということをおっしゃっておりますけれども、私はネコさえもつかめないのになぜネズミを養われますか、えさを食わせようとしたときにネズミが逃げたら私たちはつかまえられないのだということを患者は社長の前で話しました。そのとおりでございます。私たちはそんな仕事は水俣病患者にはできないと思っております[6]。

社会福祉法人結成まで視野に入れていた福祉工場であったが、水俣病患者のほとんどに障害者手帳が交付されていなかったため、福祉工場設置のための基準に満たず厚生省の認可は下りなかった[7]。この計画には結局患者五人しか集まらず頓挫して終わった（西村、一九七五：三四）。また明水園の入所者増大の一方で授産施設の利用者がそもそも集まらなかったことは前章で述べた通りである[8]。

では水俣病第一次訴訟終了後、すなわちチッソが明確に加害者となって以降状況が改善したかというと、そういうことはない。チッソは一九七三年の水俣病第一次訴訟原告勝訴によって責任が確定した段階で補償後の生活対策について明言している。判決直後の一九七三年四月当時のチッソ社長島田賢一は、被害者に対する補償と合わせて明水園への関与について次のように発言した。

……患者の方々の今後のことにつきましては、重症患者の方々に対しましては、水俣市の御高配で発足いたしておりますコロニー、明水園に対し、できる限りの御努力をさしていただき、これらの方々への将来にわたっての収容、治療等の責任を果たさせていただきたいというふうに考えております。

次に、前期の重症患者以外の方々並びに家族の方々については、その今後の福祉をはかりますために、福祉事業を計画中でございます(9)。

東京交渉団との間に締結した補償協定の前文七には「チッソ株式会社は、水俣病患者の治療及び訓練、社会復帰、職業あっせんその他患者、家族の福祉の増進について実情に即した具体的方策を誠意を持って早急に講ずる」とも明記された。だが、チッソが明水園に建設にあたって申し入れた所有地の寄贈や多額の寄付がその後どのようになったのかはこれまでのところ確認できていない(10)。若い患者の集まりがこの前文を根拠に「仕事をよこせ！」に申し入れた要求も経営の悪化を理由にして受け入れなかった。第一次訴訟判決および補償協定をへてなお、福祉対策は、実質的には加害者チッソ不在の状態であった。

2　汚染者負担の原則をめぐって

チッソと同様その実質的な対応は別として、国もまたこの時期、公害被害補償の中に福祉対策を位置づけている。一九七四年八月に公布された公健法では補償給付とあわせて公害保健福祉事業が行われることになった(11)。公健法第四六条に記された公害保健福祉事業は、指定疾病により損なわれた健康を回復させ、健康を保持させることによってその福祉を増進させることを目的としており、リハビリテーションや転地療養、療養用具支給、家庭療養指導が事業の具体例としてあげられている(12)。

しかし、この事業は補償給付と二本柱に位置づけられるほどには制度的に整備されたものではなかった。法学者の淡路剛久は、この法案が議題となった委員会で参考人として呼ばれた際に、公害保健福祉事業について次のように発言している。

……（新たな患者が現れ出ないようにする方策と合わせて―引用者）すでに発生してしまった被害をどうするかという問題はあるわけでございます。その点につきましては、先ほど申し上げましたとおり、原状回復ということがまず基本的なこととして考えられなければならないわけであります。（中略）遺憾ながら、本制度を見ますと、その点についての手当てというのが非常に、ほとんどといっていいくらいないわけでありまして、金銭でもって処理してしまえば足るというような思想が見られるわけであります。わずかに四六条に公害健康福祉事業というのがありまして、これが一種の原状回復的な思想の萌芽をあらわしているようでありますが、しかし、内容的には必ずしもはっきりしないものでありまして、はなはだ制度的に不備であるというふうに感じられるわけです(13)。

制度的不備の具体例として、公害保健福祉事業をめぐる費用負担の問題をあげている。公健法に基づき給付される補償費は公害医療により原因者の一二〇％負担であるが、公害保健福祉事業費については二分の一が原因者（水俣病の場合はチッソ）の特定賦課金(14)を財源とし、残りを国と公健法の指定地域を管轄する自治体とがそれぞれ四分の一ずつ公費負担するとされた。これを汚染者負担の原則（Polluter Pays Principle：ＰＰＰの原則）に背くものであり、公費負担は制度の歪曲であると指摘した淡路は、補償給付は原則汚染者が負担するのに、福祉事業にでは公費負担が行われることによりその責任の度合いが薄まる点を批判した（淡路、一九七五：一九〇）。福祉的な観点からの対策において、その責任は医療補償の半分であった。水俣病患者は認定されて以降は補償協定による補償を選択するため、公健法に基づく補償は基本的には関係しない(15)。しかし、こうした福祉対策をめぐる責任の度合いの問題は、以降繰り返し問題化することになる。

2　曖昧にされる責任

しかし、徐々に未認定問題が本格化し、最終的に一九九五年の政治解決へといたる一連の未認定患者対策の中で、福祉という言葉はそれまでとはまったく異なった文脈で用いられるようになる。

その転機は水俣病第三次訴訟が展開する中相次いで出された和解勧告にある。チッソに加えて国と熊本県を被告として一九八〇年に提訴された水俣病第三次訴訟は、その後日本各地で弁護団が作られ関西、東京、京都、福岡で次々に提訴されマンモス化していった。しかし、訴訟が長期化し原告が高齢化する中で、原告団は和解による解決を求めるようになっていた。一九九〇年九月二八日に出された東京地裁の勧告は次のように書かれている。

現在の水俣病被害者の補償のシステムは、昭和四八年に被告チッソ株式会社と水俣病被害者団体との間で締結された補償協定に基づき、公害健康被害補償法による認定を受けた場合には被告チッソ株式会社から補償を受けることができるという形になっていて、同法に基づく認定が被告チッソ株式会社から補償を受けることができる者とそうでない者を選別する機能を営んでおり、棄却処分を受けた場合には昭和六一年六月に発足したいわゆる特別医療事業による助成を受けることのできる場合があるにすぎないこととなっている。しかし、右のような既存の制度だけで現在の水俣病紛争の解決を測ることには限界があるとも思われるところである。

本件のような多数の被害者を生んだ歴史上類例のない規模の公害事件が公式確認後三四年以上が経過してなお未解決であることは誠に悲しむべきことであり、その早期解決のためには訴訟関係者がある時点で何らかの決断をするほかにはないものと思われる。当裁判所としては、この時点において、すべての当事者と共に水俣病紛争解決の道を模索することが妥当と判断し、ここに和解の勧告をすることとする（水俣病被害者・弁護団全国連絡会議編、一九九八：五七四）。

重要なのは裁判所の和解勧告文ではなく、これに対する国の解釈である。この勧告が出された際に「和解のテーブルにつく」との考えを口にし、その後これを修正した当時の環境庁長官北川石松は和解による解決について次のように発言している。

……各地の裁判所でいっせいに出された和解勧告の趣旨は、自分は水俣病だと思って苦しんでいる人々がいるのは否定できないというんですね。その人々の救済は、福祉という点で必要だというのが裁判所の見解といってよいでしょう。患者の認定については法律で白黒をつける、これが国の方針です。もう一つ、患者の苦しみを直視し、公健法（公害被害者の補償等に関する法律）をできるだけ広く運用して救済する福祉重視の考えがある。私自身は、福祉重視は検討する価値があるという意見なんですね。だから環境庁の事務方は、私が水俣で和解勧告を受け入れると言いはしないかと、不安があったのだと思います[16]。

和解による解決を「福祉重視」と表現して賠償的な性格のものとして位置づけなかったことに対し、第三次訴訟の原告団は緊急集会を開き「司法救済システムによる水俣病の全面解決を求める」（一九九一年二月一七日）決議を採択した。その中で和解案に対する国の見解を次のように批判している。

水俣病患者を「健康に不安を持つ者」として健康福祉的な行政施策では解決しないことは今や誰の目にも明らかである。水俣病問題の正しい解決は、水俣病患者を正面から患者と認め、行政の責任の上に立ってこそ図られるべきであり、水俣病問題専門委員会は、被害の事実に率直に目を向けて対策をするのか、それとも環境庁に組するのか、科学者の良心がかかっているといっても過言ではない（水俣病被害者・弁護団全国連絡会議編、二〇〇一：四一二）。

しかし、水俣病問題専門委員会が与したのは環境庁の側であった。この決議の翌年から特別医療事業を発展的に解消させ、感覚障害のみのいわゆる「ボーダーライン層」に対する総合対策医療事業が開始されるが、それは、この委員長を務めた井形昭弘の発言を用いれば「社会的な対策」であって水俣病被害補償ではない。

環境庁は一連の対策の経緯を「公健法の認定を求める者の申請や再申請が相当数継続していたことや、損害賠償を求める訴訟が多数提起されていたことなど、水俣病が大きな社会問題になっていた」（環境省、二〇〇六：四七）ため、「損害賠償を争っている当事者としての国の立場とは別に、国民の福祉のための施策を推進するという国の立場から」（小島、一九九六：六）行ったと説明している(17)。

未認定患者対策を水俣病被害補償とは切り離された福祉の問題と位置づけ社会的に対応するという国の姿勢は、国と県がその加害責任を認めなかった一九九五年の政治解決でより鮮明になる。政治解決の後、環境庁は「国家賠償責任がないこと（国費・県費をもって賠償を行う義務がないこと）が確定すれば、損害賠償をめぐる紛争は民間当事者間のものであり、国・熊本県の対応は、国民・県民の福祉の向上を務めるという行政上の責務をいかにどの程度果たすべきかという課題に絞られることになる」（小島、一九九七：四五）と述べている。

原田正純はこのような福祉的な観点に立った未認定患者対策を一貫して批判してきた。未認定患者対策が始まろうとする頃、「〝せめて医療費だけでも〟という患者の切実な願いを逆手にとって社会保障や福祉の名において（法〔公健法―引用者〕の趣旨さえ変えて）、被害者を切り捨てていることになる。（中略）これは福祉という名で公害における企業の責任を曖昧にしようとするものである」（原田、一九八六b：二二五）と既に述べている。同様に、水俣病問題の政治解決が近づく中、改めて、福祉という言葉の使われ方を次のように批判している。

最近、経済界や官僚が公害の救済に対して〝補償ではなく福祉を〟といっているのを耳にする。福祉は個々の生活や社会的不安定さに対する社会保障（サービス）であるからその施行責任は行政にあっても精神的には相互扶助による社会保障と考えることもできる。国民の税金によって行政が依託を受けたと考えられるからである。しかし、公害の場合は加害者－被害者の構造は常に一方的であって被害者が加害者になることはなく、被害者は加害者に比べて常に権力も金もない弱者であり、加害者はそれによって莫大な利益を得ていることが多い。このような不公平な情況において〝補償ではなく福祉を〟というのは行政や企業の責任を曖昧にするばかりか、償いを一般の国民にも分担させようという意図であるとしか思えない（原田、一九九四：五五）。

一九八〇年代中頃から始まり政治解決へといたる未認定患者対策で用いられた福祉という言葉には、水俣病被害補償における積極的意味あいは含まれていない。逆である。この時期、福祉という言葉は、昭和五二年判断条件により大量に作り出した未認定患者を賠償とは切り離した文脈の中で対応する際の受け皿として用意された。そこでは、感覚障害のみの水俣病患者への対策を医療費補助の支払いに限定するだけでなく、福祉という言葉を用いて「ボーダーライン層」の人びとを水俣病被害補償の枠組みから切り離すことがめざされていた。

一方、熊本県や水俣市の対応を見ると、国とは異なり、この頃、福祉を水俣病問題解決の文脈に位置づけようとしている。

熊本県は一九九〇年の埋立地完成を契機として「環境創造みなまた推進事業」を開始し、患者と一般市民の相互理解や融和を促進し、水俣の再生をめざす「もやい直し」を政策的に進めようとした。たとえば、有機水銀を含んだヘドロなどを封じ込めることで完成させた埋立地での「一万人コンサート」（一九九〇年八月）や、水俣市福祉課や社会福祉協議会に働きかけて行った「水俣の福祉を考える市民の集い」（一九九三年四月）、「水俣の健康と福祉を語る市民の集い」（一九九四年三月）など、市民も患者も巻き込んだ意見交換会を実施した（森枝、二〇一六）[18]。こうした動きを経済学者の宮本憲一は、国やチッソの立場と異なり、患者の立場に立って水俣病問題を解決しようとする姿勢であると評価している（宮本、一九九四：一八五〜一九〇）。

「もやい直し」の提唱者であり、当時水俣市長を務めていた吉井正澄は、政治解決が実施される一九九五年の水俣病犠牲者慰霊式において次のように発言している。

水俣病問題は複雑多岐にわたり、金銭的補償だけで終わるものではありません。健康被害とともに地域社会の崩壊によって住民の受けた大きな経済的打撃と深い傷も償われなければなりません。そのために、被害者の早急な救済とともに人間の尊厳の回復と犠牲者の慰霊の継続が必要であります。加えて、公害の悲惨さ、その復元の困難さなど水俣病事件を人類の教訓として歴史に止める努力や、被害者の健康管理や福祉などの努力が強く求められるのであります[19]。

熊本県もまたこの頃から福祉的な対策について言及するようになる。在任中に急逝した福島譲二の後を受けて熊本県知事になった潮谷義子は、二〇〇〇年の水俣病犠牲者慰霊式の「祈りの言葉」の中で、

「水俣及び周辺地域には水俣病の発生によって損なわれた地域社会の再生・振興、被害をうけられた方々の医療福祉の向上などの課題が残されており、県としてもさらなる努力を続けてまいります」(20)と発言している。

福祉という言葉でどのような対策を実施しようとしたのかはこの時点では明らかではないが、福祉という言葉で未認定患者を被害補償の枠組みから切り離そうとする意図とは異なり、福祉を水俣病問題の残された課題として位置づけようとしている。

3　免罪符としての福祉

二〇〇四年一〇月の水俣病関西訴訟最高裁判決を踏まえ、福祉という言葉は具体的な対策として被害補償の文脈に戻ってくる。判決では公式確認から五〇年を前に国と熊本県の水俣病拡大に対する行政責任が確定した。これを受けて熊本県は判決直後の一一月、胎児性患者たちの自立支援などを盛り込んだ独自案をまとめて環境省に提出するとともに職員も派遣し協議を開始した(一瀬、二〇一七:二〇八〜二一二)。

翌年四月、環境省は「今後の水俣病対策について」(資料H)を発表し、水俣病公式確認から五〇年を迎えるにあたり、政治解決や最高裁判決を踏まえ、すべての水俣病被害者が地域社会の中で安心して生活していけるようにするため、関係地方公共団体と協力し「高齢化対応のための保健福祉の充実」や「水俣病被害者に対する社会活動支援等」などを進めることを明言した。後者には「胎児性患者や水俣病被害者の生活改善・社会活動の促進を図るため、それらに関連する活動や事業に対する支援、それらを行うボランティア団体等への支援」と記されていることからうかがえるように、地域生活支援事業の骨子はこの時点ですでにできあがっていた。

この構想が支援の現場からの声によって肉付けされることで、それは具体的な制度として仕上がっていく。環境省は「今後の水俣病対策」とあわせて、水俣病問題の歴史的意義を包括的に検証し、その教訓をもとに今後取り組むべき課題を提言することを目的として一〇名の委員からなる環境大臣の私的懇談会「水俣病問題に係る懇談会」を組織した。この委員となったほっとはうすの加藤たけ子は、第七回の会議（二〇〇六年一月一七日開催）で「胎児性水俣病患者等の生活実態と地域福祉の課題」と題する報告を行っている。その中で、水俣病患者に対する福祉対策の基本的方向を「どんなに重い障がいがあっても住み慣れた地域で人々とのつながりのなかで暮らしていくことができる社会的条件を作ること」とし、これを「いつでも誰でも通えて　なにかあれば泊まれる　自宅へも顔なじみのヘルパーが出向き　いざとなったら地域に住むこともできる　小規模だけど多機能　小さいけれどサービスのコンビニ」と表現している(21)。そしてその意図と必要性を次のように説明する(22)。

今五〇代に入ったんですけれども、この方たちが今望んでいらっしゃるのは家族からの自立ですね、まさに親族による介護ではなくて、今すでに家族から自立して過ごせる体制がほしいというふうにつくづくおっしゃっています。そのためにも先ほど最後に図式で示したんですけれども、あのような通い、泊まり、そして家族から離れた自立生活に対してサポートが出せるような居宅介護の支援があり、多機能に合わさったそうしたシステムをつくらないといけないと思います。ただ、これが既存の福祉制度の中だけでは多分賄えないというふうに思います。

ではなぜ胎児性患者たちが五〇代に入るまでこうした対策が実現されることはなかったのか。加藤は続けて次のように述べる。

……本来はこの胎児性の患者さんの問題というのは認定補償されてそれでお終(しま)いではなくて、そこから先、人生を生きていく節目節目で必要なことがあって、それに対してきめ細かくさまざまな行政を含めて対応していかなければならなかったと思います。けれどもこれが水俣病の問題と一括りにされてしまって、全体に社会的には水俣病をめぐる認定問題に目を奪われてきたことも一因あるかというふうに思います。（中略）

……逆に胎児性の患者さんの場合であれば認定補償されている、その補償金があるじゃないかと、それは個人への補償とその人が生きていくために社会的な支援が整うこととは別だったと思います けれども、ここがまったくごっちゃになってとらえられてしまって、水俣病患者さんは補償金があるからいいという。

家族から自立して過ごせるための体制づくりの必要性は一九七〇年代の段階に「社会的介護」という表現で指摘されていた。しかし、その後、それが整備されることはなかった。その一因は、本来は別のものとして構想されなければならいはずの個人への補償とその個人が地域社会で生活を送るために必要な社会的支援が一緒くたにされてきたところにある。ゆえに、患者として認定され補償金を受け取っていた胎児性患者たちの生活に焦点があたることはなかった。

これが政策的課題としてにわかに浮上してきたのが最高裁判決後のことであり、懇談会は最高裁判決で確定した行政責任を踏まえての水俣病対策の柱の一つとして、これからを生きていく被害者、とりわけこれまで注目されてこなかった胎児性患者たちへの福祉対策を位置づけるにいたる。二〇〇六年九月に発表された提言書では次の提言が盛り込まれた。

提言7

国は関係地方自治体等と連携して、水俣地域を「福祉先進モデル地域」（仮称）に指定し、水俣病被害者が高齢化しても安心して暮らすことのできるような総合的な福祉対策を積極的に推進すること。その中で胎児性水俣病患者の福祉対策には格別の配慮が必要である。

新潟水俣病の被害者に対しても、同質の福祉対策をとること（水俣病問題に係る懇談会、二〇〇六：三）。

提言書が出された同月末に環境省職員、熊本県職員、水俣市職員からなる「環境省水俣病発生地域環境福祉推進室」が設置され、翌年には地域福祉全体の底上げをはかることを目的に「水俣・芦北地域水俣病被害者等保健福祉ネットワーク」が立ち上げられた(23)。二〇〇六年の『環境白書』には「すべての水俣病被害者が地域社会の中で安心して暮らしていけるようにするためには、医療対策等の充実とともに地域福祉と連携した取組が必要です」（環境省、二〇〇六：四八）と書かれてある。最高裁判決とその後の懇談会提言をへて、福祉という言葉は水俣病被害補償の文脈に、補償金とは別立ての社会的支援策として再び盛り込まれるにいたった。

しかし、水俣病被害補償全体の問題として捉えた時、それは一九七〇年代に議論されていた福祉とは異なる意味を帯びている。懇談会の提言を踏まえるかたちで始まった地域生活支援事業は、加害者であることが確定した国と熊本県による被害補償としてみれば一つの進展と見ることもできる。しかし、結局のところ、「水俣病の懇談会以降で一つだけできたところは、水俣病をめぐる医療、福祉、保健ネットワークというのが、懇談会以降何年になりますかね、七年続いています」（日本弁護士連合会、二〇一三：二三）という評価もある。

長年にわたり支援活動を続ける谷洋一と久保田好生は、最高裁判決後に進展する福祉対策は「『一九七七年の水俣病判断条件』（公健法患者認定の基準）を変えないという頑迷な施策の代替や言訳として宣伝されている側面もあり、そこには問題はあるのだが、近年の進展としては特記せねばならない」（公害薬害職業病補償研究会、二〇一五：九九）と述べ、長年の患者の要求に応える形で実現したものとしつつも昭和五二年判断条件を変えないことの言い訳であるとして批判している。最高裁判決以降、福祉対策以外の進展が見られないというのが実態でもある。

国にとって最大の関心は、昭和五二年判断条件の否定という司法判断に手をふれずにいかに水俣病対策を推進するかにある。最高裁判決は事実上現行の認定基準を否定したが、国はこれを変えないという姿勢を示したため認定制度をめぐる問題は早々に暗礁に乗り上げた。懇談会も認定基準見直しの議論を行わないという前提のもと取り行われた。地域生活支援事業はこうした流れを前提として実施されている。

懇談会で胎児性患者たちに対する福祉対策の必要性を提言した加藤は、同時に次のように警鐘を鳴らしていた。

今、国の責任が確定して、水俣病をめぐる政治的な動きのなかで、ある意味で胎児性の患者さんに対しては、行政としても手をだしやすいわけです。逆に新たに三千人もの人たちが認定申請をしていて、この人たちの問題も本来は最優先にしてやらなければならないのに、その免罪符として胎児性の問題が使われないようにしなければならない（加藤、二〇〇六：一五一）。

福祉という言葉は、最高裁判決をへて被害補償の文脈で再び語られるようになり、具体的な施策として進展するようになった。その意味では行政責任を踏まえた被害補償ということはできる。しかし、水俣病問題の解決という観点から見た時には昭和五二年判断条件に手をふれないことの免罪符としても機能している(24)。

水俣病問題の本質的解決から遠ざけようとする役割を果たすという点において、福祉という言葉の用いられ方は一九八〇年代中頃に始まる一連の未認定患者対策におけるそれと本質的には変わるものではない。

4 「補償ではなく福祉を」

水俣病被害補償における福祉という言葉の意味内容の変遷を三つの時期に区切って捉えると、それが問題の解決に対してどのような位置づけにあったのかが浮かび上がる。

まず、水俣病の発見から補償協定および公健法成立の頃までを見ると、福祉対策は水俣市が主導しており、そこではリハビリテーションや施設（コロニー）収容が試みられていた。具体的には、重度の患者、とりわけ胎児性患者たちは施設で生涯にわたり世話をし、授産活動を通じて技能を習得した患者については働く場を提供することがめざされた。国もまた、費用負担の問題はあるにせよ、公害被害者の救済を補償給付と福祉事業の両面から捉えていた。だが、水俣病が公害となりチッソの責任が確定して以降も、チッソの福祉対策は「補償協定前文7」に記載されているのみで、その積極的な関与を見て取ることはできない。

その後、増大する未認定患者や大規模化する集団訴訟に国が対応を迫られるようになっていく一九八〇年代中頃以降、福祉という言葉は「国民の福祉」などという表現で、未認定患者対策を被害補償や加害責任の問題とは切り離した文脈に置くようになる。国家賠償責任が確定しない以上未認定患者の救済として行えるのは補償ではなく福祉というのが国の立場であった。この時代、国は福祉という言葉で水俣病問題の責任を曖昧にしようとする。

二〇〇四年の関西最高裁判決以降、すなわち国・熊本県の行政責任が確定して以降、福祉は再び被害補償の枠組みの中で積極的に語られるようになる。地域生活支援事業は福祉対策がようやく進展し始めたと捉えることも可能である。ただし、そこには現行の認定基準である昭和五二年判断条件を変えないという国の水俣病政策の前提が存在しており、福祉対策はそれに手をふれないための免罪符という側面を読み込むこともできる。その意味では「補償ではなく福祉を」という姿勢は一九八〇年代中頃以降から一貫して続いている。

第5章・補償か、それとも福祉か

胎児性患者たちが求め続けてきた自立は、一九七〇年代の頃のそれとは意味することがらが異なるものの、近年の福祉対策の進展により徐々に実現してきているようにも見える。しかし、そこには現行の認定基準に手を加えないための免罪符という側面もあり、これを素直に進展として評価することはできない。水俣問題解決の中で積極的・消極的双方の役割を果たしているこの福祉という言葉、そしてそれに基づく対策をどのように実行していくことが水俣病問題としての解決に繋がるのか。

この章では、水俣病対策に福祉の領域が増すにつれて懸念される所管省庁の「股裂き」という事態を手掛かりにして、胎児性患者たちの日常生活を支援する団体の活動を通して被害補償と障害福祉サービスの関係を捉える。そのうえで、この問題は補償なのか福祉なのか、どちらの側に置くことが解決に繋がるのかを結論として示したい。なお、この章は第一章を中心に概説した被害補償制度を前提として述べているので、適宜各制度の概要を確認しながら読み進めていただきたい。

1　所管省庁の「股裂き」という事態

胎児性患者たちを主として対象とした地域生活支援事業の開始以降、環境省は福祉対策の推進に対して積極的である。二〇〇九年七月から二〇一一年一月まで環境省事務次官を勤めた小林光は「胎児性患者やその親の高齢化で、日々介護に困るなどの問題も出てきている。福祉を充実させる仕組みづくりが必要」と今後の課題をあげた(1)。二〇一二年五月一日に開催された水俣病犠牲者慰霊式において、細野豪志環境大臣（当時）は「祈りの言葉」の中で、「水俣病問題への取組みはこれからが正念場です。すべての被害者の方々はもとより、地域の皆様が将来にわたって、安心して暮らしていけることが必要です。そのため、関係地方公共団体と連携しながら、認定患者の方々への補償に万全を期しつつ、胎児性患者の方を始めとする方々への医療・福祉の向上に努めてまいります」(2)と述べた。

環境省は、第二の政治解決である特措法に基づく救済後も水俣病問題に向きあい取り組む姿勢を示し、「今後はさらに、胎児性患者等の御家族など高齢化に伴い、御家族による介護が将来困難になる可能性を見据え、胎児性患者の方々が将来にわたり安心して生活できるよう、必要な在宅サービスの充実・強化や施設の整備について、関係者と協議の上、進めていくこととします」(3)と強調した。

とはいえ、水俣病対策は環境省の事業であるが、福祉に関連する施策はそもそも厚生労働省が推進する類のものである。除本理史と尾崎寛直は、明水園が療養介護サービスへと移行することについて、「本来であれば環境省所管の施設であっておかしくないが、障害者自立支援法という厚生労働省所管の制度の中に位置づけられてしまうという『股裂き』状態が懸念される」（除本・尾崎、二〇一一：一七二）と述べている。明水園は児童福祉法に基づき設立された施設であり「股裂き」は今に始まったことではないが、環境省が関与する水俣病対策に福祉の領域の割合が増す現在、胎児性患者たちの日常生活を支える明水園、ほっとはうす、ほたるの家、はまちどりは、被害補償と障害福祉サービスの間でどのように支援活動を行っているのだろうか（表1）。

まず、社会福祉法人水俣市社会福祉事業団が運営する明水園は、すでに述べた通り療養介護を行う障害福祉サービス事業所であり、入所の要件は認定患者かつ障害程度区分五もしくは六であることである。しかし明水園は病院でもあるため、必ずしも障害程度区分が五に満たなくても、あるいは障害者手帳自体を持っていなくてもよい。つまり、入所でなく入院という形をとることができる。同じく社会福祉法人さかえの杜のほっとはうすによる「みんなの家」や「おるげ・のあ」は地域生活支援事業を活用して建設されたが、その運営は、基本的には障害者総合支援法に基づく。地域生活支援事業は公益事業、すなわち社会福祉事業に支障がない範囲で行うものとして運営上は位置づけられている。

一方、ほたるの家の場合は、基本的には水俣病対策事業である地域生活支援事業に基づくサービスを提供している。この事業の補助対象となる関係でNPO法人水俣病協働センターを設立したが福祉事業を営んでいるわけではない。しかし、患者の在宅支援をしていく際には地域生活支援事業だけでは対応できず、介護事業所であるはまちどりが提供するサービスを利用している。はまちどりは、基本的には、介護事業を障害福祉サービスの枠組みで提供することをめざしており、地域生活支援事業はあくまでそれを補うものとして位置づけている(4)。地域生活支援事業には障害程度区分に基づいた支給量の判定

ほっとはうす	はまちどり
社会福祉法人さかえの杜	NPO法人はまちどり
1998.11　共同作業所として設立 2003.10　社会福祉法人化 2008.4「みんなの家」完成 2014.4「おるげ・のあ」完成	2010.10　NPO法人設立 2011　訪問介護事業所指定
この社会福祉法人は、水俣病の経験を教訓として、水俣病患者を含む障害者のすべてが個人として尊重され、各自の個性に応じて自己実現を図り、地域社会の中で可能な限り自立した生活を営むことができるよう、多様な福祉サービスを提供することを目的とする。	この法人は、胎児性・小児性水俣病患者とその家族はもとより、総ての高齢者、障害者及びその家族の人権が保障されるために、日常生活の援助及び支援に関する事業を促進し、誰もが安心して暮らせる地域づくり・まちづくりに取り組み、併せて福祉の増進と向上に寄与することを目的とする。
みんなの家：就労支援Ｂ型、短期入所、地域生活支援事業 おるげ・のあ：グループホーム	高齢者：訪問介護など 障害者：居宅介護、重度訪問介護、移動支援、地域生活支援事業（在宅支援訪問〔身体介護、家事援助〕、交流サロン）など
みんなの家18名（生活介護利用登録）／おるげ・のあ５名	障害者12名（うち水俣病患者6名） 高齢者15名

ームヘルパー派遣も活用している。

がなく、ヘルパー資格もいらないので患者や事業所の要望にそった支援を実施しやすい。しかし、単価が時間数ではなく一日一人当りの計算であり、利用者一割負担が課されるという問題もある。柔軟性はあるもののそもそもの位置づけが既存の福祉サービスの「横だし・上乗せ」であるため、それだけでは胎児性患者たちの介護体制を作り上げるには不十分であった。

はまちどりのケアワーカーとしても登録されているほたるの家のスタッフ

表1　胎児性患者らの日常生活を支援する主な団体（2017年7月時点）

通称	明水園	ほたるの家
法人名	社会福祉法人水俣市 社会福祉事業団	NPO法人水俣病協働センター
沿革	1972.12　開園 1977.1　授産施設廃止 2012.4　障害福祉サービス事業所（療養介護）となる	1996.6　共同作業所として設立 2007.11　NPO法人設立 2012.4　「遠見の家」開設
目的＊1	この社会福祉法人は、水俣市が設置する社会福祉施設の受託事業及び自主事業を実施し、多様な福祉サービスがその利用者の意向を尊重して総合的に提供されるよう創意工夫することにより、利用者が個人の尊厳を保持しつつ、心身ともに健やかに育成され、又はその有する能力に応じ自立した日常生活を地域社会において営むことができるよう支援を行い、水俣市における社会福祉の増進に寄与することを目的とする。	この法人は、水俣病被害者の人権と権利を守り、医療、福祉、生活に係る諸問題に協働で取り組むとともに、被害の全容解明と被害補償に取り組む。また加害責任の検証を行い、その教訓を伝え、産業公害等の被害と協力して、その権利回復と公害廃絶の活動に寄与することを目的とする。
主な事業	病院事業 日中一時支援活動 地域生活支援事業	地域生活支援事業＊2 （生きがいづくり、交流サロンなど）
利用者数	65床	14〜15名

（註）＊1：定款をもとに作成。　＊2：在宅支援では「はまちどり」のホ

は、状況としては「（既存の）福祉サービスの充実はやっていくしかなった」と語っている(5)。

たとえば、ほたるの家を利用する小児性患者は、両親の亡き後ほたるの家関係者の支援や姉夫婦による介護を受けてきたが、姉が車椅子生活となり介護を必要とする状態になったことから自立支援法に基づく居宅介護を水俣市に求めた。しかし、月に一五五時間、一日にして五時間程度の支給であったため、国・県と交渉し、地域生活支援事業に

ある緊急時支援を用いて二四時間の支援を実現させた。当初三ヶ月限定とされたが、二〇一一年一月まで延長されることとになった。その後は総合支援法に基づく居宅介護と訪問看護を利用して在宅生活を続けている（田尻、二〇一三）。とはいえこれで十分というわけではない。この患者への介護は二人体制で行う必要があるため義兄も手伝うが体力は限界に近く、家族はヘルパー二人を二四時間派遣してほしいと支援の拡充を訴えている(6)。

同じくほたるの家を利用する胎児性患者は、朝は障害者福祉（療養手帳の家事援助）、昼は自費（補償協定に基づく年金〔ランクB〕や障害者年金）、夜は地域生活支援事業、そして深夜帯はボランティアというように補償金や地域生活支援事業、障害者総合支援法そして支援者を組み合わせている。在宅生活を送るうえで必要な居宅介護の時間数が支給されるようこの患者の暮らす町（水俣市に隣接）と交渉したが、自主財源に乏しいとの理由で認められなかった(7)。そのため、使える制度や人を総動員したりしながら一人暮らしを続けている。

在宅での生活を選択する場合、既存の障害福祉サービスではなく補償協定に基づく給付を活用するという選択肢もある。たとえばランクがBやCの患者は、これを上位に変更することで毎月受け取る年金の額を上げ、将来の介護不安に備えたり支給額を超える分について対応したりしていくことが方法としては考えられる。だが、在宅生活を営んでいること自体が、そもそも被害認定および補償を手厚くしていくうえで否定的な方向に作用していると推測される事例がある。

ほっとはうすを利用する胎児性患者の松永幸一郎は水俣市内で一人暮らしを続けているが、徐々に足が悪くなり二〇一〇年頃から車椅子を利用するようになった。自宅では障害者自立支援法（当時）と地域生活支援事業を併用しながら掃除や入浴時の見守りといった居宅支援を受けている。一三年間施設で集団生活をした経験もあり、可能な限り一人暮らしを続けたいと考えているが、右足の股関節が痛く付け根を曲げられなくなり将来の生活に対する不安は強い。この先さらなる支援が必要になるかもしれない。そこで水俣病のランクを現在のBからAへの変更を申請しているが、これまでに三回棄却されている。棄却の理由については、申請者の生活環境に著しい変更は認められないという説明であった（奥田、二〇一二）。

このことについて松永は「全然納得いかない。検査の方法も何の意味があるのかなって疑問もあるんですよね。感覚障害とかそういうのを調べたって。（中略）自転車に乗れなくなったし、移動は電動車椅子、シニアカーを使っている」と述べ、棄却の理由は「一人暮らしをしているし、自立しているし大丈夫だろうという捉え方か、単にお金を払いたくないか」のどちらかだろうと話す(8)。患者個々のランクにもよるが、補償協定に基づく月々の年金増額で対応しようとするのは実質的に困難なようにも思える。

胎児性患者たちの日常生活を支援する団体の活動からは、いずれも既存の障害福祉サービスに軸足を置いている様子が実態として浮かび上がる。最高裁判決以降、確かに水俣病対策の中に福祉の領域が増している。社会福祉法人という形態をとる明水園やほっとはうすの事業は基本的には障害福祉サービスに基づく。ただ、明水園については入院という形での「入所」も可能である。ほたるの家の場合、在宅支援の場合は地域生活支援事業では対応しきれないため、はまちどりが提供するサービスを利用している。そしてはまちどりは、補足的に地域生活支援事業を活用しながらも、基本的には既存の障害福祉サービスを基本とした事業を行っている。

こうした現状を引き起こす理由の一つは、既存の障害福祉サービスを主、地域生活支援事業を従とするその位置づけ方にある。環境省が関与する水俣病対策に福祉の領域が増すにつれてと述べてきたがその言い方は正確ではない。支援活動の現状を見る限り、現行の被害補償制度にはあてはまらないニーズについては、まず社会福祉が対応していくことが期待されているのであって、その逆ではない。

2 「福祉ではなく補償を」

障害福祉サービスが主で地域生活支援事業が従であったとしても、以前に比べれば胎児性患者たちが望む形での生活支援が行われるようになってきている。しかし、実態として日常生活が支援されるようになったことは、胎児性患者たちが剥奪されてきた自立という課題の解決を直接に意味するわけではない。水俣病被害補償の歴史を踏まえたうえで胎児性患者たちが「自立していける条件」を構想するとき、現行の日常生活支援の仕組みの問題点は少なくとも二点ある。

第一に諸制度の組み合わせという問題がある。水俣病被害補償の歴史では症状や申請の時期、訴訟の種類等によりさまざまな補償救済の枠組みが存在する。患者側が裁判で勝訴するたびに、未認定患者が増大するたびに新たな対策が打ち出されてきた。これら一連の対策は弥縫(びほう)的という言葉、つまり一時的な取り繕いであるとして批判されてきた(除本、二〇一〇)。二〇〇六年から始まった地域生活支援事業もまた、既存の障害福祉サービスでは対応できないニーズを対象としている点で、これまでの対策と同様弥縫的である。それは、胎児性患者たちの症状の悪化と主な介護者である親の高齢化という課題が顕在化してきたがゆえに創設されたつぎはぎ的な対応でしかない。この点について、長年水俣病問題に向きあい続ける政治社会学者の栗原彬は次のように語っている。

今まで水俣病問題というと、認定問題ですね、したがって補償の問題。そこに焦点があった。そのために、水俣病患者が、確かに公害病患者であるんですけれども、障害者の側面ですね。その面がおろそかにされてきた。つまり社会福祉の側面ですね。患者たちの自立、生き生きとした生活、生きがいを感じられる仕事、それと心のケアも大事ですね。体の痛みだけじゃないんですね。体の痛みは同時に心の痛みでもあるんですね。そういうことがいままでおろそかにされてきている。これから社会福祉の側面をしっかり私たちが支えて行かなければいけないんじゃないかと思いますね。（中略）自立支援法は障害者一般への法律です。公害健康被害補償は、公害病一般への補償法なんですね。こういう法をいくらならべて予算をつけてみても、患者一人ひとりの自立した生活とか、生きがいのある仕事とかですね、心のケアにはとても届かないと思います(9)。

今後、高齢化がさらに進み介護保険の対象となった時、胎児性患者に対する支援は被害者・障害者・高齢者のどれに比重を置いたものとなるのだろうか。補償協定に基づくランク、障害程度区分、要介護認定の三つの基準とそれぞれの支給内容から支援を組み立てることの複雑さは現在の比ではない。諸制度の弥縫的な組み合わせでは自立は達成されない。

第二に、福祉という言葉が被害補償の中で果たしてきた役割を考えなければいけない。一九八〇年代中頃から福祉という言葉は、たとえば「国民の福祉」という使われ方をしながら未認定患者対策を水俣病被害補償から切り離す役割を果たしてきた。関西最高裁判決以降の福祉対策の展開も、たとえそれが進展であったとしても、現行の認定基準を維持するという水俣病対策の前提を維持するための免罪符であることには変わりない。実際、それは国・県の毎年度の予算措置であり現行の被害補償の枠組みに手を加えてはおらず、結局のところ認定補償の根幹には手をふれないといっているに等しい。

もちろん、胎児性患者たちの日常生活支援が急を要さないということではない。長年介護者であり続けてきた親は八〇歳を超え、胎児性患者たち本人の高齢化も進み還暦を迎えつつある。しかし、水俣病問題の本質的解決は未認定患者を生み出し続けてきた昭和五二年判断条件の是正にある。水俣病問題の根本的解決をめざす中で福祉という言葉が歴史的に果たしてきた役割を踏まえるならば、まずは既存の障害福祉サービスで対応することを基本とした仕組みは、それが機能したとしてもその意味するところは「補償ではなく福祉を」であり、それをもって自立の条件が整ったということはできない。

水俣病被害補償の歴史、その中で福祉という言葉が果たしてきた役割を踏まえる限り、胎児性患者たちの自立の条件は「福祉ではなく補償を」である。一九七〇年代、当時若かった胎児性患者たちは補償では問題は何も解決しないと訴え「仕事ばよこせ！　人間として生きる道ばつくれ!!」とチッソに対し要求した。それは被害者の象徴であることによって剥奪された働くこと、そしてなにより働くことによってえられる生きがいを求めた闘いであった。もとより水俣病闘争それ自体も補償金獲得のみめざした運動では決してなかった。「水俣病を告発する会」の会員として水俣病闘争に関わった渡辺京二は、補償協定締結に向けた交渉の中で患者側がチッソに対して要求しつづけてきたことを当時次のように捉えていた。

患者の要求とは、補償金でもなければ社会保障制度・施設の拡充でもない。それらを現実の必要としてふくみながら、金でかたのつかぬ人間の生の根本的事実が、そのようなものとしてまっとうに認められること、これが患者の言葉ではなく存在として、全身で要求していることなのである（渡辺、二〇一七：六六）。

こうした要求を、渡辺は端的に「どう生きていくか」（同：二四六）という一番基本的な問題であったと後年振り返っている。

若い患者の集まりの訴えからすでに四〇年が経過しているが、この問いに対して行政を含む加害者はまだ明確には向きあっていない。チッソは補償協定前文七を掲げながらも福祉対策において一貫して姿が見えず、行政は福祉という言葉で水俣病問題の根本的解決から逃れようとする。

若かった患者たちは「環境庁長官　石原慎太郎殿」の中で次のようにいっている。「かいしゃは、わたしたちの、ことをなにもかんがえてない。なぜか、かんがえてみろ」。それから四〇年をへて、胎児性患者の永本賢二はチッソに対し次のように訴えている。「福祉をもっと勉強してほしい。自分たちが事件を起こしてそのままにしておくのではなくて、ぼくたちの立場になって考えてほしい」(10)。こうした問いかけを起点として福祉という言葉が水俣病問題全体において帯びてきた意味を捉え直さない限り、公式確認から三〇年に際して原田正純が指摘していた胎児性患者たちが「自立していける条件」が整備されることはない。

第6章．先天性（胎児性）という問い

前章まで「ディスアビリティとしての被害」という視座から胎児性患者たちの自立をめぐる主張とその支援の変遷を述べてきた。そして被害補償に見る福祉という言葉の意味内容を踏まえたうえで、自立していける条件として「福祉ではなく補償を」という結論を導き出した。しかし、障害学の観点からいえばそれは実践的な解決策であり、その意味で水俣病問題解決の半分しか果たしていない。第二章で述べた通り、「障害の社会モデル」の意義は、福祉国家や市場経済などといったマクロな社会構造とディスアビリティの関係についての理解を進展させるところにもある。

そこで、本章では、なぜ被害という視座から胎児性患者たちはよく見えない位置にあったのかについて、被害と障害という問いから、その接点に浮かび上がるより構造的な問題として捉え、改めて一つの解を引き出したい。まず、熊本水俣病を教訓に新潟水俣病の対策の一環として行われた受胎調節指導について述べる。次に、この時代における先天的な障害児者に対する処遇の変遷をたどり、そこで当時社会問題化していた公害や薬害がどのように認識されていたのかを確認したうえで、脳性マヒ者の団体である「青い芝の会」と反公害運動の間に瞬間的に生まれた対立の構図にふれる。ここで反公害運動やその後の環境運動が孕む「日常の優生思想」の存在が明らかになる。これを踏まえたうえで前章の結論を批判的に検討し直す。最後に、反公害運動と同時期に提起されていながらそのままに積み残してきた先天性(胎児性)という問いを出発点として、「日常の優生思想」と向きあうため環境社会学をどう組み替えていくかを見通したい。

1 熊本の「教訓」

新潟水俣病は、阿賀野川の鹿瀬(かのせ)発電所の電力と近くで採取された石灰原石を用いたカーバイドを原料にアセトアルデヒドの生産を行っていた昭和電工鹿瀬工場からの排水によって引き起こされた。工場は一九三五年から一九六五年の二八年間、チッソ水俣工場がそうであったようにメチル水銀を含んだ排水を無処理のまま阿賀野川へと排出し続けた。二〇一八年六月末の時点で七一四名が公健法に基づき水俣病と認定されている(うち生存者数一七一名)(1)。

一九六五年五月三一日の公式確認後の対応は熊本に比して迅速であった。六月一二日、新潟大学と新潟県衛生部が「阿賀野川流域に有機水銀中毒患者七名発生、二名死亡」と正式に発表した後、同一六日には新潟大学医学部教授椿忠雄が「原因は川魚と判定される」旨発表、七月に入ると新潟県は阿賀野川下流域の漁獲規制を行う。なお、新潟でも食品衛生法は適用されていない。八月には患者の支援組織として「新潟県民主団体水俣病対策会議」（以下、「民水対」と記す）が、一〇月には患者団体「阿賀野川有機水銀中毒被災者の会」が結成された。

熊本ではその数は特定されていないものの胎児性とされる患者が七〇名ほどいるのに対し、新潟では公式には一名しかいない。先行する熊本の事例を参考に受胎調節指導が行われたためである(2)。当時水俣病問題に中心的に取り組んでいた新潟県衛生部医務課副参事の枝並福二の日誌には「健康人の毛髪に多量の水銀、胎児に障害の恐れ、妊娠しないように指導」（七月二一日）とあり、計七八人の女性（毛髪水銀値が二〇〇ｐｐｍ以上一一人、一〇〇から一九九ｐｐｍ一一人、五〇から九九ｐｐｍ一八人、五〇ｐｐｍ以下三八人）に対する指導の実施を厚生省の会議で発表したことが記されている。こうした新潟県の動きは、胎児性水俣病の危険性を報じた新潟勤労者医療協会機関紙『明るい医療』（一九六七年七月二〇日発行）が新聞各社にも配布されたことにより、それが発生する恐れを一斉に報道しようとする動きを事前に把握しての対策であった。たとえば『朝日新聞』（一九六五年七月二二日）は次のように報じている。

「新潟の中毒　髪に多量の水銀　厚生省婦人に避妊を指示」
新潟の有機水銀中毒事件について厚生省は二一日午後、東京・平河町の都道府県会館に松田心一国立公衆衛生院疫学部長、上田喜一東京医科歯科大教授ら専門学者を招き対策会議を開いたが、この席上阿賀野川流域の患者多発地区の健康人の頭髪から多量の水銀が検出されたとの報告があった。これらの人たちの中には成人女子が多い。もしこれらの婦人が妊娠した場合は、熊本県の水俣病事件の場合と同様、胎児性水俣病（脳性マヒに酷似した症状）の子が生れる危険があるため、厚生省は多量の水銀が出た婦人に対しては避妊を指導する緊急措置をとる一方、阿賀野川の側の流域住民について大掛かりな頭髪の水銀検査を行い、また全国の水銀を使用する化学工場について、水銀の使用量、付近に事故は起きていないか、などを調査することに決めた。

この報告は椿忠雄新潟大教授がおこなったもので、さる六月一五日から一週間にわたり、患者多発地区の患者の家族、その近所の人たち（いずれも健康体）七八人の頭髪を採取し、分析したところ水銀量二〇〇ｐｐｍ以上が一一人、一〇〇～一九九ｐｐｍが一一人、五〇～九九ｐｐｍが一八人、五〇ｐｐｍ以下が三八人いたという。

水俣病の場合も頭髪の水銀が二〇〇ｐｐｍ台、健康人の場合は、四ｐｐｍ程度が普通なので、新潟の場合の水銀量は異常に多い。また、これまでの患者は、成人の男子に限られていたが、今度の調査で、かなりの婦人が多量の水銀に汚染されていることが明らかになった。

七月二三日、新潟市の水銀中毒対策本部は胎児性水俣病対策として、高水銀のものには中絶処置、妊娠可能で毛髪水銀値が五〇ｐｐｍ以上の者は希望者に対し治療、一年未満の子どもで母親が高水銀の場合は母乳を人工栄養に切り替えるという決定をした。二六日には受胎調節等の訪問指導および健康管理の実施を決定、二八日から胎児性水俣病の予防と早期発見、また必要に応じて受胎調節指導を行う目的で一六～四九歳の妊娠可能な婦人（五千三六六人）、妊産婦（六六九人）、乳児（四八五人）に健康調査が行われた。

一九六五年八月一八日、支援組織である民水対は県との初めての交渉の場で、「胎児性水俣病については、県市の負担により、母体に完全な対策を実施するとともに、乳児患者が出た場合は、県市で養育の用意があるかどうか明らかにしてほしい」という項目を含む申し入れを行っている。これに対し県の水銀中毒対策本部は二四日、「毛髪に五〇〜二〇〇ppmの水銀を保有している妊娠可能な婦人は希望にしたがって治療させる」などと回答した。

一九六七年六月まで続けられた受胎調節指導には、どのような人工妊娠中絶や不妊手術の実態があったのか。新潟水俣病第一次訴訟（一九六七年六月提訴）を通してその実態の一端を知ることができる。原因企業である昭和電工に対し患者七七名が損害賠償を求めたこの裁判では、七人の女性が妊娠規制または不妊手術をせざるをえず、これにより肉体的、精神的苦痛および生活上の不利を被ったことを理由に慰謝料を請求した。損害賠償にいたった事情以外の詳細は不明であるが（原田、二〇〇七：五六）、原告らの主張の中で、中絶を強いられた原告の症状ならびに慰謝料額は次のように述べられている。

原告A（当年二八才）は、右Bの子である訴外Cと昭和三九年三月二〇日に式を挙げ、昭和四〇年五月一二日婚姻の届出をした。同原告は、挙式前も実家の豊栄市新井郷×××番地で川魚を接食していたが、挙式後夫と生活をともにしてからも川魚を反復摂食したため、昭和四〇年六月現在、頭髪中に五三ppmの水銀量を保有していた。ところで、同原告は同年一〇月二六日長男Dを出産したところ、これにさきだつ同年八月前期（七）の（二）で記載のとおり、妊娠規制の指導を受けたために、すでに長男の出産を間近にひかえていたことから、不具の子が生まれはしまいかとの不安と危惧は非常なもので、自分の死すら考えるほど悩みぬいた。その後無事出産はしたものの、将来長男に水銀の悪影響がでるのではないかと不安の毎日をすごした。さらに同原告は、その後昭和四一年に妊娠をしたが、胎児に対する悪影響の不安から中絶せざるをえなかった。このように生命を生み、守り、育てる母親が、体内に水銀を保有したため妊娠規制を受けざるを得なかった苦悩は大きく、これが慰謝料は金五〇万円が相当である（新潟水俣病共闘会議東京事務局、一九七二：四〇～四二）。

また、不妊手術を受けた原告の症状ならびに慰謝料額は次のように述べられている。

原告Eは、前記Fと昭和三四年一月二四日婚姻し、その後長女G（昭和三四年一一月三日生）、次女H（昭和三七年九月二三日生）の二子をもうけ、幸福な結婚生活を送ってきた。ところが、義父の亡Iと食膳をともにし、川魚を摂食してきたところ、亡Iが前記のごとく悲惨な死を遂げ、この死が新潟水俣病に原因する旨昭和四〇年六月ころ認定されたため、当時すでに長男J（昭和四〇年九月九日生）を懐妊していたものの自分も頭髪中に高値の水銀量を保有していたことを知り、不具の子供を分娩しはしないかと強度の不安にかられ、出産期が近づくにつれて子を思う母親の心労は極度に達したほどであった。その後、県衛生部の指導でようやく決意し、長男を分娩したが、同人が将来健全な発育を遂げることについてなんの保証もなく、依然子の成長についての不安は解消しなかったため、将来頑健な男児が欲しいとの希望もあったが、水銀を保有している母体に対する不安危惧が大きくついに長男分娩後一週間くらいして不妊手術をした。同原告がかような事情から不妊手術におよんだことにより蒙った精神的苦痛は甚大であり、これが慰謝料は金二五〇万円が相当である（同前：四二～四三）。

原告の勝訴に終わったこの第一次訴訟の判決では、前者に三三万円、後者に五五万円を支払うことが命じられた。

現在、新潟県は受胎調節指導に対して次のような認識を示している。

新潟県では、現在確認されている胎児性水俣病患者は一名だけですが、このように最小限の被害にとどまったのは、水俣病発生初期において妊娠可能な女性に対する受胎調節指導が行われたからです。

しかし、この受胎調節指導については、胎児性水俣病の発生を防ぐことに有効であったという評価がある反面、女性や胎児に対する人権侵害であると批判する意見もあります（新潟県、二〇一六：一八）。

だが、行政の新潟水俣病に対する発生初期の迅速な対応は、当時、肯定的に受け止められていた（原田・田尻、二〇〇九：一七）。民水対が母体に対する完全な対策を求めたのに対し、県は妊娠可能な女性に対する治療を行うと回答した。これは胎内でのメチル水銀曝露を原因とする障害児が生まれないようにする中絶等の処置を意味していたが、こうした行政の対応それ自体の是非をめぐる議論は確認されていない。先行する熊本を教訓として行われた受胎調節指導は、現在ほどには問題として捉えられていなかった。

2　環境運動と「日常の優生思想」

1　奇形児の殺害とコロニーへの収容

この時代、公害事件という被害者と加害者の明確な構図があったにせよ、人工妊娠中絶や不妊手術を理由として被害者が裁判に臨むことの方がむしろ稀なことであった。公害に加え、日本だけでなく世界で同時期に発生していた薬害問題を含めてみても、中絶等が特異な処置であるとはいえなかった。たとえばドイツでは一九七〇年代に刑法改正を通じて中絶の条件付き自由化がなされた際に胎児条項（「優生学的事由」）が盛り込まれたが（一九九五年の法改正の際に全面的に削除）、その背景には六〇年代に多くの被害者を出したサリドマイド事件がある。胎児の障害の有無を理由とした中絶は「薬害に対抗する権利」（市野川・立岩、一九九八：二六九）として肯定的に受け入れられる状況にあった。

だが、当時としては、障害児が生まれないようにするのではなく、現に生存している障害者を殺すという発想が一つの有力な選択肢であった。睡眠薬サリドマイドを妊娠時に服用したことによる奇形児の発生は日本でも確認されており、一九六二年にベルギーで生後間もないサリドマイド児を両親が中心となり殺害した事件が起き、これをめぐって裁判となった翌年には、雑誌『婦人公論』一九六三年二月号で「奇形児は殺されるべきか」と題した誌上裁判が行われている。この中で、自身も障害を持つ子の親である作家の水上勉は次のように発言している。

私は人を殺すということは、ちゃんとした人間であった場合の殺人ということで立法されていると思うのです。しかし今日のように薬が悪魔的になり、空からいろいろなものが降ってくる時代になって、健康であっても奇形児が生まれてしまうのなら、法律もやはり発達して、赤ちゃんを殺して、それが有罪か無罪かということも規定しなくてはいけないと思います。（中略）社会にプラスすることができるので生きる権利がある。それさえでき得ないと判断された場合には、人の範疇に入らないのではないかと私は考えます（石川他、一九六三：一二八）。

こうした意見は当時の世論としても一定程度支持されるものであった。前述のベルギーでのサリドマイド事件とその無罪判決を受けて板倉宏が行った世論調査(3)では、無罪判決を支持する理由として「生きながらえることは、かえって不幸であり、死をあたえることが不幸を最小限にとどめる愛情のある解決策とみられるから」が圧倒的に高い（判決支持者の五六・九％）。自分が奇形児の親だったらどうするかという問いに対しては、「育てる」五四〇名に対し、「殺害する」に関する回答が九五四名を占めている。その中でもっとも多かった選択肢は「殺すことは、道徳的にも法律的にも許されない、と思うが殺す」（六七二名）であった。奇形児を殺すことについては処罰を加えることが妥当であると考えながらも、それが刑罰に値するかどうかは疑問を持つと考えられていた。

この結果を受けて板倉は「既存の法ないし道徳においては殺害はみとめられないが、今後の法ないし道徳においては、人間の生死を合理的に考えるべきであり、奇形児殺害も、ばあいによっては、不幸を最小限にとどめる解決策として許されるべきであろう、という思想を反映するものとしてみられないわけではあるまい」(板倉、一九六三：四四)と述べている。「不幸を最小限にとどめる解決策」はその約一〇年後、奇形児殺害から障害児の発生予防へと形を変え、後述する優生保護法改正案の「胎児条項」新設をめぐる議論の中で実際のものとなる。

施設に入れるというのもまた一つの選択肢であった。板倉と類似の調査を女子大学生二八八名に対して行った植松正の報告では、著しい奇形児が自分の子として生まれた場合の処置として「自分で育てる」(四七名、一六%)、「施設に預けて見舞う」(九七名、三四%)、「施設に引き渡して無関係になる」(一五名、五%)、「殺す」(一二九名、四五%)という結果であった(植松、一九六三)。しかし、当時施設入所は現実的な手段ではなかった。前述した『婦人公論』での対談で、障害児が「立派な施設に送られるようになったら理想的ですね」という出席者の発言に対し、水上は「それがない以上、理想論でいくらいっても、母親にも本人にさえも酷だと思うのです」と発言し、新産児の生死を決定する生命審議会の設置を提案している。

だが、奇形児が殺されることを肯定する一方で、水上は同年に発表した「拝啓　池田総理大臣殿」の中で、障害児を持つ親として「身体障害の身でありながら、生きようとしているたくさんの子らのいることに思いを馳せてください。どうか、この子たちのために出来るだけの予算をとって、施設を拡充してあげてください」(水上、一九六三：一三四)とも訴えている。こうした水上の発言はその後施設拡充へと政策を転換させたものとして評価されたが、それは水上個人の力だけによるものではない。

脳性マヒの障害を持ちその後の障害者運動の草分け的存在となる花田春兆は、奇形児殺害から施設収容へという水上の主張の変化を鮮やかな転進と表現したうえで、施設拡充への転換は、結局は、水上の知名度と多大なる納税額の圧力にあったと指摘する。しかし、これに続けて次のようにも述べている。

しかし、声なき声、影なき影のような存在にしろ、無名無力でもそうした人々がいるのだという事実の持つ圧力。その圧力を感じさせる何物かが全く無かったとしたら、水上氏自身書くことをちゅうちょしたでしょうし、マスコミは取上げなかったでしょう。為政者は黙殺することになんの痛苦も感じなかったでしょう。子供がいる事をすら恥としたであろうに、堂々とペンにする事が出来るのも一人や二人の力ではなく、無名無力の人々多勢の力だと思うのです（花田、一九六三：七八〜七九）。

たとえば一九七〇年に横浜市で重度の障害児を母親が殺害する事件が起きた時には、県心身障害者父母の会は「施設も家庭に対する療育指導もない、生存権を社会から否定されている障害児を殺すのは止む得ざる成り行きである」という文書を横浜市長に提出し、減刑嘆願運動が起きている。収容施設の不足やそれによる家族の窮状という現実は、障害児の生存を否定するときの根拠の一つであった。

しかし、施設の拡充は解決策とはならなかった。一九七二年に身体障害者福祉法が改正され、常に介護を必要とする障害者に対する施設に法的な根拠が与えられ(4)、大規模の障害者収容施設、いわゆるコロニーの建設が本格化していく。こうした傾向に対し、水上は一九七一年九月二〇日に開催された自主講座「公害原論」に招かれ宇井純との対談を行った際(5)、重度障害者は「面倒だから見えないところへ隠そう、というところから始まっているのならば、いつまでたっても、この日本人の中にある、障害者の人生に対する政策というものは変っていかない」と述べたうえで次のように続ける。

この障害者の保護というものがどのようになっているかということ、みなさんよーく調べて下さい。自分の家に子を持って初めてこれは分ることでして、私はよく分っておるんです。厚生大臣は、高崎につくったつくった、とおっしゃるけれども、まだ日本の座敷牢に、何百人、何千人の陽の目をみない重度の子がおるやら、そのなかに水俣の患者も含まれているわけであります(水上、一九七三：一五九)。

この発言には宇井も次のように反応している。

それはおっしゃるとおりなんでして、いまはぼくらが、たとえば大学に入るのに、試験で決めますね、点数の高い方から。というのは働く能力のある人間から教育していく。それで、身体障害者、とくに重度の人というのは働く能力が無い、物を生産する能力が無い。だからどっか見えない所へ押込んで、というのは自然に出てくる思想なんです。それで、それをやったおかげで、手をぬいたから、高度成長ができたんだというのが私の結論なんですけれども……(同)。

豊かな社会が達成された前提には、水俣病などのような公害の発生がある。これと同様に、高度経済成長の中で働くことのできる存在として期待されない障害者を施設へと追いやることも前提としていた。

2　青い芝の会の反公害運動

豊かな社会が達成された一九六八年――それは政府が水俣病を公害として認めた年でもあった――以降反公害運動が活発になったように、障害者運動もまた一九七〇年以降本格化する。その直接的なきっかけは、前述した障害児殺し事件後に起きた親による減刑嘆願運動にある。この運動に抗議した脳性マヒ者の団体である「青い芝の会神奈川連合会」（以下、「青い芝の会」と記す）が横浜地方検察庁などに提出した意見書を提出したが、その中には次のような一節がある。

現在多くの障害者の中にあって脳性マヒ者はその重いハンディキャップの故に採算ベースにのらないとされ、殆どが生産活動に携れない状態にあります。このことは生産第一主義の現代社会においては、脳性マヒ者はともすれば社会の片隅におかれ人権を無視されひいては人命迄もおろそかにされることになりがちです。このような働かざる者人に非ずという社会風潮の中では私達脳性マヒ者は「本来あってはならない存在」として位置付けられるのです（横塚、二〇〇七：九四）。

青い芝の会は自らを「本来あってはならない存在」と位置づけることで、施設不足を理由に障害児を殺すこともやむをえなしとする親を、そして施設を拡充することで生産能力のない障害者を社会から隔離しようとする福祉政策を、生産至上主義を支配的な価値観とする健常者中心社会の発想として告発した。ただ、青い芝の会の運動は、その行動綱領(6)の中で「われらは、問題解決の路を選ばない」と宣言しているように、対抗することそれ自体を優先したものであり（倉本、一九九九：二二八〜二二九）、その先にどのような社会を構想しているのかを世に問うことまでは、このとき具体的にはしていない。

しかし、青い芝の会がその運動全般にわたって問題解決の道を提示していなかったわけではない。その一つに優生保護法の胎児条項新設をめぐる反対運動がある。一九七〇年代に入ると障害者対策は、財政負担軽減を理由として、莫大な経費を必要とする施設収容よりも出生前診断と選択的人工妊娠中絶による発生予防がより抜本的な対策として重視されるようになる（松原、二〇〇〇：一九〇〜二一九）。それは、一九七二年に政府が提出した優生保護法改正案第一四条四項に胎児の障害を中絶の理由として認める規定、いわゆる「胎児条項」が設けられたことにより現実味を増していた(7)。

優生保護法改正案をめぐって青い芝の会は反対運動を展開し、一九七三年五月に抗議行動として厚生省で交渉の場を持っている。その際、青い芝の会の中心的な会員であった横塚晃一は対応にあたった精神衛生課長らに対して、人工妊娠中絶の適応事由として胎児条項が新設された理由を詰問している。担当官は、サリドマイドのように両親に遺伝的な素質がなくても障害児が生まれる場合があり、それを早く判断して予防しようという仕組みであると説明したが、これに対し同じく青い芝の会の中心であった小山正義は次のように反論している。

そういう問題は聞かなくてもこっちは全部わかっている訳です。もっと根本的なものはね、そういう薬害とか公害とか出て来た子供達をその薬害公害を防ぐと考えずにその薬害公害の為になった

（障害に）子をこの世に生ませない手段をあんた方は先に考えて来た案が出るわけです。もっと根本的なものはそういう薬害公害をなくす方法を考えなければならない、それでさっきからもう親とか配偶者の同意を得て人工中絶は出来る堕す事が出来るそれは新たに改革してね、わざと障害を持つ子だけに実点をおいたという事はどういう考えを持っているんだという事（「青い芝の会」神奈川県連合会編、一九八九：三七〜三八）。

公害や薬害を原因とする障害児の発生予防によって問題解決をはかろうとする優生保護法改正案の論理とは異なり、青い芝の会は、公害や薬害の発生それ自体を防止することがより根本的な問題の解決であると主張した。こうした主張には同時代的な反公害運動が展開したような加害者（汚染者）を告発する姿勢は現れていない。しかし、奇形児といわれた子どもを殺し、働ける存在として期待されない存在を施設へと押し込み、そして、障害児が生まれること自体を予防しようとする健常者中心社会に異議を申し立て、同時に、公害や薬害が発生しないようその解決を迫った。

一方で、この時期、先天性の障害児を持つ親の側もまた、その障害の発生の原因を公害や薬害といった問題の文脈の中で捉えている。公害などが続発した高度経済成長期、親たちは子どもの障害を環境汚染などの外因によって発生したものとして捉え、その原因究明を求めることで子どもの障害を社会全体の問題として位置づけようとした（堀、二〇一四：一五〇〜一五一）。

「先天性四肢障害児父母の会」（以下、「父母の会」と記す）を一九七五年に設立した野辺明子は次のようにいう。

遺伝ではない、それなら原因は何なのか、と私は娘の障害の原因にこだわりつづけた。それを明らかにすることがせめてもの親の責任でもあったし、私や私の娘は、ひょっとしたらこの現代社会がかかえこむ病根の「被害者」かもしれないのだ。被害者がいるのなら、加害者もいるはずなのだ（野辺、一九九三：二一〇）。

水俣病に限らずさまざまな公害問題や薬害問題が噴出した当時、障害児を持つ親は、高度経済成長とともに深刻さを増す環境破壊や汚染の「被害者」として、子どもの障害を被害と加害の文脈で捉え、国家や加害企業の責任を探し出して告発することをめざしていた。父母の会の設立趣意書には次のように書かれている。

食品添加物、合成洗剤、農薬、各種の化学物質の氾濫など、さまざまの複合汚染の人体への影響が心配されている今日、私たちは私たちの子供の障害の原因が一刻も早く救済されることを願わずにはいられません（同：二二一～二二三）。

先天性四肢障害児を持つ親たちにとって環境汚染や薬害問題とは自分たちの問題であった(8)。しかし、こうした原因究明を求める活動は障害者の側から批判されることになる。野辺は、無農薬や自然食品の共同購入を中心として生活のあり方を見つめ直す市民団体に招かれて徳島に出かけた際、勉強会の案内を新聞記事で読んだ障害者団体から「原因究明して障害の発生予防を訴えることは障害者差別ではないか」という抗議を受ける。その後、同様の問題について青い芝の会との対話のため神戸に出向いた。障害の原因を究明する活動を批判する障害者の側と、人為的な障害の原因となるような外的要因の追求は必要であるとする親の側の主張は平行線に終わるが、こうした批判や対話を通して野辺は次のような認識にいたる。「私たちもまた差別する側に立つ危険性を抱えているということを知らされたのだった」(同前、一九九三：二一五〜二一六)。

環境保護団体や消費者団体を中心とする「いのちと暮らしを守る」運動の原動力である「先天異常児や奇形児が生まれると大変」という危機感、そしてその具体的な脅威としてある合成洗剤や原発、ポスト・ハーベスト農薬に反対する「正義の告発」が、ときに障害者を排除する力となって機能することに気づいたのは障害者たちであった(野辺、一九九六：一六三)。障害者は、国家による強制的な優生政策だけでなく、化学物質汚染などに障害の原因を求め究明する親の活動と、それと連動した、より安心安全な環境を志向するする市民運動に対しても同様に障害者の存在を否定する差別の論理を見出した。

だが、野辺が直面した障害者による異議申し立てと対話を通して、環境運動と障害者運動の間に共闘関係が結ばれたわけではない。後述するように、女性解放運動が、出生前診断が自己決定権という装いの元に正当化されていくことの危うさに気づいた(市野川、一九九九：一五六)のとは対称的に、一九八六年四月に発生したチェルノブイリ事故の発生とその後の反原発運動の中で「私たちのうちに内在している優生思想的発想」(野辺、一九九三：二二二)の根深さは露呈することになる。優生思想は再帰する(本多、二〇一二)。それは福島原発事故をへて明らかになる(後述)。

3　環境社会学を組み替える

1　積み残されたままの課題

父母の会が直面した「私たちのうちに内在している優生思想的発想」を水俣病患者の支援者もまた同時代的に経験している。関西に移住した水俣病患者の問題に関わってきた木野茂は、大阪の青い芝の会から「公害に反対するということは、自分たち障害者を差別することにならないか?」と問いかけられた経験から次のように語る。

ユージン・スミスさんとアイリーン・スミスさんの撮った水俣病の写真は、これほど悲惨な事実を二度と繰り返さないぞという、すごい迫力を持ったキャンペーンとなったことがあります。公害を、水俣病を二度と起こさないぞという正義の錦の御旗として機能したことがあります。しかし、それは障害者たちから見れば、自分達の肩身を狭くする運動とも映りました。公害被害者は、後天的である人がほとんどです。障害者にすれば、「被害者を生まない」とは、障害者をこの世に生み出さないということか、被害者を生まないような社会というのは、障害者がいないような社会なのか、という問いかけです（浅岡ほか、二〇〇四：二四三）。

原田正純もまた、反公害運動において胎児性水俣病の子どもの写真が掲げられていたことに言及しながら、企業の利益のために環境だけでなく住民の健康を破壊することは犯罪だが、胎児性の子どもの写真を掲げて「環境を大事にしないとこういう子が生まれますよ、こういう子が生まれると不幸ですよ」という運動は「公害反対運動の一つの限界」であるとして次のように述べる。

水俣にだって、例えばポリオの患者もいるわけですよ。そうすると、ポリオの患者からすると、水俣病は補償金が出たりしていいなぁという話になってしまうし、やっぱり私は最後のテーマは、そういう環境を大事にしましょう、環境によって健康が破壊されるようなことは犯罪ですよという話と、障害を持つと不幸ですよ、どうして不幸なの、どうしたら不幸じゃなくなるのという、そういう障害者に対する手立ての問題がうまくつながらないと、私はこの問題は解決しないのではないかと思います（原田・小野、二〇一二：九六）。

原田が別稿で「反公害運動と障害者運動との接点をどう求めるのか。次の世代への重たい課題である」（原田、二〇一二b：二四八）と述べているように、その接点を求める試みは未解決のまま残されている。たとえば、優生保護法改正が議論されていた頃、「女性に中絶の権利を与えよ」と主張した女性解放運動は、その主張に対して異議を申し立てた青い芝の会と衝突した。その過程の中で両者の考え方が一致したわけではない。だが、女性解放運動は中絶の自由を主張しながらも、優生思想に基づいた中絶を「胎児条項」という条文をもって合法化することには反対し、障害者との共闘を形成した（市野川・立岩、一九九八／森岡、二〇一一）(9)。一方、反公害運動やその後の環境運動は同時代的に噴出して現れた障害者の主張に出会い、女性解放運動がそうであったように自らの運動が孕む優生思想という問いを投げかけられながらも、それに対して四〇年以上が過ぎなお明確には向きあっていない。

2 「補償も福祉も」

環境社会学もまた然りである。本書の「はじめに」で述べた通り、周辺からの思考の要点はそれを確立することによって常にその周辺を生み出すというところにある。環境社会学は、反公害運動およびその後の環境運動と、これに異議を申し立てた障害者運動との間の論理の対立にふれないまま学問として組み立てられてきた。しかし、それでは差別の論理である。栗原彬は先に引用した野辺の議論を次のように要約している。

> 私だって原発に反対だ、ただ、反対するときの論理の立て方、考え方を、日常の優生思想を乗り越える方向に組み替えていきたい（栗原、一九九六：一九〜二〇）。

被害者学としての環境社会学には、この「日常の優生思想」をどう乗り越えるのかという課題が残されている。

障害学との接点もここにあるといえるが、このことは被害と障害のどちらがより有効な分析枠組みなのかと問うことを意味しない。むしろ被害か障害かという二元的な関係性の中に解決策を位置づけることによって取りこぼされてしまう問題がある。

本書の結論もその例外ではない。前章で胎児性患者たちの自立とその支援の条件として、「福祉ではなく補償を」と述べた。それは「仕事ばよこせ！　人間として生きる道ばつくれ!!」という一九七〇年代の胎児性患者たちの訴えに応答した際に導かれるものでもある。しかし、水俣病被害補償における福祉という言葉は、チッソが全額負担してきた医療補償のようにはその責任が明確ではなかった。認定患者のための入所施設である明水園は児童福祉法に基づく市立の施設として設立された。当時のチッソ社長島田賢一はできる限りの努力をすると発言しているが、明水園へのチッソの関与は病院事業の側面（補償協定に基づく医療費全額負担）とパジャマなどの日常生活用品の支給にとどまる。認定患者は補償協定に基づく給付を選択するため直接関わりがあるわけではないが、公健法において補償給付と並ぶ柱とされた公害健康福祉事業における原因者負担は二分の一であった。地域生活支援事業には今も利用者の一割負担が課されている。そもそも被害補償における福祉的側面は一〇〇％加害者の負担で行われてきているわけではない。医療補償ということはできても福祉補償ということはできない。補償としての福祉という解決は、この点においてやはり限界がある。

そもそも、障害者手帳を持つ胎児性患者たちは一方では障害者でもあり、障害福祉サービスを利用することが何か問題のあることではまったくない。既存の福祉サービスの枠内で胎児性患者たちの自立が支援されないのであれば、それは水俣病問題である以前にそもそも日本の福祉の問題である。たとえばこのような問いを立てることも可能だ。汚染者負担の原則という観点から被害補償における福祉対策を論じるのは必要だが十分ではない。それすら実現していないのが水俣病問題の現状ではあるが、いずれにせよ「福祉ではなく補償を」は問題解決の半分にしかならない。

被害補償か障害福祉サービスか、どちらか一方の極に本書で議論してきた問題を位置づけることは必ずしも解決策にはならない。ほたるの家の谷洋一は「加害者が対応すべきかそれとも既存の社会保障制度を活用するのか、ということだが『加害者が責任を取るべき』が原則。福祉は基本的に国民の税金であり本質的に違う。原則を踏まえなければいけないのではないか」と指摘し、地域生活支援事業があくまで障害者総合支援法などの「横出し・上乗せ」として位置づけられていることの問題性を指摘する(10)。一方、はまちどり代表の太田清は、胎児性患者に対する福祉サービスが整備されていくことで、地域の障害者や高齢者との間に格差が生じていくことを懸念する。仮に一般障害者――ここには未認定患者や未申請も含まれる――が二四時間介助を水俣市に対して希望したとき果たしてそれは実現するのかと疑問を投げかける(11)。福祉の方へ寄るほどに加害責任が抜け落ち、補償を強調すれば水俣病以外の障害を抱える人びととの間に新たな分断が生じる可能性が高まっていく。

であるとすれば、環境社会学の問いは「被害とは何か」だけではない。若かった胎児性患者たちは「環境庁長官　石原慎太郎殿」の中で次のようにも主張していた。

……あなたは、しんしょうしゃの、のうせいマヒのひとたちより、たいじせい患者を、ゆうせんてきに、きゅうさいする……と発言しているが、そうかんがえるのは、まちがっている。(中略)……あっちも苦しいし、こっちも苦しい。それを、どうこう言って、長官などと会ってもかわりない。苦しみをかためていった中で、はきだしていくのが道だと思う。いっしょにはなしあっていかないとできない。

よくなるほしょうも、くすりもない。苦しんでこそ、どっちも、苦しんで苦しんでおたがい道をつなげていくことがだいじだと思う。

救われなければならないのは自分たちだけではないと胎児性患者たちが訴えたように、被害という捉え方からは見えない周辺に対する配慮や気遣いをどのように持つことができるかもまた同時に問いとして成立する。被害か障害か、補償か福祉かという緊張関係に巻き込まれた時、環境運動の側の主張は差別の論理に転化する。

水俣病闘争やそこでの運動目標、あるいは被害という捉え方からは矛盾が生じたとしても、補償と福祉をどう組み合わせていくかは議論されなければならない。ただし、それは加害責任を問うことの放棄ではない。

これまで見てきたように、青い芝の会の主張は、生産至上主義を掲げる社会がさまざまな形をとり障害者を排除することで成立していることの問題性を提起した。それは法的責任を問えるような明確な加害者を特定するようなものではないが、健常者中心の社会について一定程度の加害性を問うたものであった。こうした主張に立脚する限りにおいて、一連の未認定患者対策から一九九五年の政治解決の中で国が意図した福祉という言葉の用い方とは異なり、「補償も福祉も」というもう一つの結論は加害責任の否定では必ずしもない。

い。

3　グレイゾーンを乗り越える

ここで今一度環境社会学の出自、しかし、「はじめに」で述べたそれとは異なる出自についてふれたい。

環境社会学会の前身には環境社会学研究会という組織がある。一九八八年と八九年の日本社会学会で環境問題のテーマセッションが開催されたことがきっかけとなって、この参加者の中から環境問題についての社会学的取り組みをする研究組織を結成しようという機運が高まり、一九九〇年五月に環境社会学研究会が発足した。

これが現在の環境社会学会へと発展していくが、それよりも少し前、もう一つの環境社会学研究会が存在していた。その中心で活動していた栗原彬はその始まりを「環境社会学は、水俣に関わりを持っていた人たちが集まって、水俣大学を作ろうという時に、その名前が自ずと生まれてきました。水俣大学を創る会が発足してほとんど同時に、環境社会学研究会というのが生まれたのです」（栗原、一九九三：一）と述べている。水俣大学とは、一九八五年に結成された水俣市の町おこしグループ「ふるさと水の会」の中に大学部会が設けられ、そこに学者が合流することで本格化した構想で、一九八六年一二月に環境社会学部（環境社会学科と社会福祉学科の二学科から構成）の単科大学として設立する構想が公表された。翌八七年一月から環境社会学研究会の活動は始まっている（日高ほか、一九八八／水俣大学を創る会編、一九八八）。その後頓挫し実現することのなかった水俣大学であるが、そこで構想されていた環境社会学について、栗原は続けて次のように語っている。

実際に環境の問題を問題として取り組む所に、環境社会学は生きられているという感じがするわけです。そういう環境社会学そのものをはっきりさせて、もう一度日常生活そのものの中に戻して行く。つまり環境社会学という学問自体を実際に成り立たせてみて、そこから実際に現場でやっている人たちが自分たちの生き方や運動をより深めることが出来るわけでしょう。そのために環境社会学というのはあるんで、学問のための学問じゃない。その意味では優れて実践的な側面を含んでいます、実際に現場で頑張っている人の励ましになる学問でないと意味ないと思ってます（栗原、一九九三：四）。

そのようなものとしてある環境社会学の出発点には、チッソとの自主交渉の場である患者が放った「死んだ子を返せ」という言葉がある。これから生まれてくる子どもたちに同じ経験をさせないために、答えることのできないこの問題を、学問の中へ取り込むにはどのような論理に変換できるのか。このように読み換えていくことで環境社会学は始まる（栗原、一九八八）。環境社会学の起点には常に被害者から発せられた問いがあり、それに答えられたかどうかは現場の被害者や支援者の役に立ったかどうかで決まる。では、環境社会学をもう一度日常生活そのものの中に戻したとき、それが障害者を排除あるいは差別することによって成り立つもの、その意味で現場の励ましにならないものであった場合、環境社会学を改めてどのように成り立たせればよいのか。

こうした問い直しは、被害と障害の間に現れるグレイゾーン（灰色の領域）を明るみにする。栗原は、アウシュヴィッツの強制収容所から生還した詩人のプリモ・レーヴィが指摘した「グレイゾーン」（具体的にはガス室の死体処理場の運営を任されたユダヤ人の収容所グループをさす）という表現を用いて、加害と被害が判別不能な領域を浮かび上がらせる。そして、一九九五年の政治解決へといたる和解に向けて社会的な圧力が働く中、その実現のために動いた患者団体にグレイゾーンで活動する「エージェント（代行組織）の政治」を見て取る。

グレイゾーンの本質は「代行して殺す、代行して支配する、抑圧する」ことにある（栗原、二〇〇五：二八〜三四）。その意味で日常の優生思想を孕む環境社会学もまた、被害と障害の間のグレイゾーンに現れ、障害者の生存や存在自体を否定する一種の代行である。環境社会学を組み替えることは、このグレイゾーンを乗り越えることに他ならない。

先天性（胎児性）という問いはその出発点にある。反公害・環境運動はこの問いに向きあうことをしてこなかった。そのことを端的に物語るやりとりが残されている。水俣病第一次訴訟判決（一九七三年三月）が出される間際の一九七二年一二月、自主交渉派の補償交渉で東京丸の内のチッソ本社前に座り込みをしていた支援者たちは、同じく丸の内にあった旧都庁前で府中療育センターでの処遇をめぐり座り込みをしていた障害者とその支援者と討論を行っている。その大半は水俣病センター「相思社」構想をめぐるものだが、その中で、水俣病患者の支援者は府中療育センター闘争の支援者から次のように問いかけられている。

水俣病の患者さんといっても、胎児性の人もおられるし全然軽度の人もいる。ＣＰ（Cerebral Palsy：脳性マヒ）の人でも軽度の人と重度の人がおられるのと同じようにね。障害者のＣＰの運動でもどちらかというと軽度の人が主流になるわけですよね。運動自体がそういう方向性に向かっていくというのかな。水俣病センターの構想もやっぱり水俣病の患者さんの要求みたいな形であると思うんだけどさ、その要求が一つには胎児性の人とかじゃなくて、どちらかと言えば、具体的に運動を進めてきた以前健全者であって、今患者さんになった人。で、なんとか今闘っているし、今後の生活をどういうふうに立てていくかっていうところから一つにはきていると思うんだよね。そこで一つ問題になるのは、水俣病の患者さんという形で全部一般的に語れないものが今後出てくるんじゃないかと思うわけですよね。その中でやっぱり重度と軽度の関係性が問題になってくるじゃないかと思うわけね(12)。

水俣病運動は後天的に被害者となった人びとによって進められているのではないか。同様に、反公害運動に源流を見る環境社会学の学問的前提には先天性（胎児性）という問いが組み込まれていないのではないか。被害という捉え方からは胎児性患者たちの存在はかすんでいてよく見えないと第二章で述べたが、それが意味することがらはこの点にある。その結果として、反公害運動ならびにその後の環境運動と障害者運動との対立構造から浮かび上がる優生思想、しかも日常的なそれ、という問題がある。

先天性（胎児性）という問いを起点として環境社会学を組み替えることの意義は、被害と障害との間のグレイゾーンを明るみにし、日常の優生思想の問題と向きあう点にある。では、そのことは環境社会学にとってどのような作業なのだろうか。

「課題責任」という考え方が水俣にはある。この言葉は、二〇〇四年八月二八日、水俣湾埋立地で奉納された能「不知火」を前にしてのワークショップの中で水俣病被害者の緒方正人が初めて使った。「不知火」の奉納に際して運営委員会はチッソに協賛を呼びかけたが、それに対してチッソは会社としては協賛できないが、一人ひとりの参加には会社として一切の制約を加えないと答えた。こうしたチッソの対応を受けて緒方は次のように語っている。

加害企業チッソというふうに呼ばれてきたことが、そろそろ、もう一つ違うとらえ方をするところにきているんじゃないかと、私は正直思っています。それはチッソ百年、水俣病五十年ということと、やはり軌を一にするテーマ性を持っている気がするんです。

個人的な意見ですが、加害責任に代わるものとは何かといえば、私は「課題責任」だと思います。課題としていく責任。その時に、私達もまた、ともにその課題を負う存在であると思うんです。一人一人がその課題を背負うというところで共通する基盤に立ちうるんではないかと。今までは加害者、被害者という二極的な関係で見てきました。これはある意味、歴史の経緯の中では必要で、否定できないことだったと思います。

しかし、そういう見方の他にも、私はチッソという会社というよりは、チッソの中の一人一人の人達という見方があるんじゃないかと思うんです。会社と患者達という意味じゃ被害、加害という関係を変えられないが、一人ひとりの人間という関係においては、課題責任を共有していくことができるわけです。そういった歴史的な確認が必要なんじゃないかと、本心で思っています（緒方・栗原、二〇〇四：一四～一五）。

水俣病事件の中で加害者と被害者という対立を避けることはできない。だが一人の人間という見方に立てばそうした関係性を超えることができるのではないか。対談者の栗原彬はこれを「肩を並べてある共通の仕事に取り組むことで双方がアイデンティティを抜け出す」ことと表現している（栗原、二〇〇八：四三）。一般的には、水俣病には大きく分けて三つの責任、すなわち発生責任、拡大責任、補償責任があるが、これに続く四つ目の責任として課題責任はある。

環境社会学が日常の優生思想の代行とならない学として成立する可能性は、いまだ議論されていないこの四番目の責任を共有することの中にある。かつて宇井純は「公害問題に第三者はいない」といった（宇井、二〇一四）。こうした観点に立ち、たとえば科学的に中立な医学者の責任ということがいわれてきた（原田、一九九九）。ゆえに環境社会学は自覚的に被害を受け差別される側に立ち、「被害とは何か」を問い続けてきた。その学問的な前提は変えられない。すなわち、その主張には先天性（胎児性）の障害を有する人びとを排除する論理が孕まれる危険性が常にある。そうした立場性は変えられないが、ゆえに、日常の優生思想を自らに課せられた問いとして、障害者運動や障害学とともに共通の課題に取り組むことが要請される。先天性（胎児性）という問いを起点として組み替えていくこととは、正しい問いの立て方は「被害とは何か」だけではないと環境社会学自らに対して問い返していくことである。

被害と障害、あるいは補償と福祉の間それ自体を問うことは学問的に矛盾を孕む。だが、それは周辺からの思考である以上、環境社会学者に要請され続ける課題責任でもあるのである。

おわりに

本書では環境社会学が日本で始まっていく一つの契機を、社会科学者の反省に見ている。それは政治学者石田雄の一連の議論が参考となっているが、石田より前に社会科学（者）に対して反省を促していた学者がいる。経済学者内田義彦である。彼は一九七一年に出版された『社会認識の歩み』の「むすび」の中で次のように述べている。

> たとえば公害というのは自然科学的現象であると同時に、なによりも社会科学的現象でもあるわけですね。今日ではそのことは明らかです。しかし、公害が最初に起こったとき、まず自然科学的現象としてわれわれの眼に現れてきました。たとえば医学の問題として。われわれ社会科学者もまた、それを社会科学の問題としてとりあげることが出来なかった。医学者が、医学の本質にかかわる問題として取扱うことが出来なかった以上に、われわれ社会科学者は、それを、せいぜい単に周

辺的なものと考えて、社会科学の何よりも重要な問題として取扱うことが出来なかったのでありま す。

その一つの理由は、一人の人間が生きるということの重さを、社会学者が見失っていたからではないだろうか。重症心身障害者の場合がそう。あるいは筋ジストロフィー患者の場合がそう。それらは医学の問題でもありますが、なによりも社会科学の問題でもあるはずです。そのことは、今日では凡庸なわれわれの眼にも明白です。しかし、その発生の当初において、先取して社会科学の問題とすることが出来なかった（内田、一九七一：二〇三〜二〇四）。

水俣病第一次訴訟が進行し、川本輝夫らが認定申請の棄却処分に対する行政不服審査を請求し逆転で認定を勝ち取った一九七〇年代のはじめ、社会科学はなぜ公害と向きあうことができていなかったのか。内田は「一人の人間が生きるということの重さ」を社会科学者が見失っていたからではないかという。「かりにおそまきながらとらえた場合でも、なぜ先取出来なかったのかということの反省、つまり社会科学観そのものの反省なしに」（同：二〇四）捉えた時、そこでは公害被害者や障害者の悩みとは無関係な形で社会科学的処理が行われる。「おそまきながら」と内田がいっているのは一九七一年のことである。

社会科学が公害を自らの問題として扱ってこなかったことの反省のうえに成り立つ環境社会学はこうした批判を免れると自負するかもしれない。しかし、「被害とは何か」を問う一方で、障害の問題を周辺的なものとして自らの学問的課題として取り上げてこなかった。その意味では「一人の人間が生きるということの重さ」に向きあってきたわけでは必ずしもない。差別される側に立つという前提は、その学問が差別の論理と無縁であることを意味しない。それは今になって登場してきた新しい論点ではない。反公害運動に対して異議を申し立てた障害者運動の主張の中ですでに指摘されていたことである。

福島第一原子力発電所事故による被曝の遺伝的影響をめぐる論争は、被害と障害をめぐる不均等な関係性に対する反省がいまだなされていないことを端的に物語っている。県民健康管理調査委員を勤めた福島大学の清水修二が『福島民報』に寄稿した「『遺伝への懸念』がもたらす悲劇」(二〇一三年八月一七日)には次のような一節がある。

被災者である県民自身が遺伝的影響の存在を深く信じているようだと、「福島の者とは結婚するな」と言われても全く反論できないし、子どもたち自身から「私たち結婚できない」と問われては、はっきり否定することもできない。親子ともども一生、打ちのめされたような気持ちで生きなければならぬとしたら、これほどの不幸はあるまい。

これに対し、震災当時福島市の障害者自立生活センター「ILセンター福島」で働き、自立生活運動を支援し続けてきた中手聖一は、「子どもたちを放射能から守る福島ネットワーク」の情報誌『たんがら』第一五号(二〇一三年九月三〇日)に「福島人による福島人差別をなくすために」を寄稿し、次のように批判する。

私は、被曝による遺伝的影響の〝科学〟論争に、首を突っ込む気はありません。しかし、「県民が遺伝的影響を信じているようだと、『福島の者とは結婚するな』と言われても反論できないし、子どもたちから『私たち結婚できない』と問われて否定することもできない」。この言葉を見過ごすことは出来ません。もしそうであれば、遺伝性疾患・遺伝性障がいの人への偏見や差別は肯定されてしまいます。

マジョリティー（多数派）のために、マイノリティー（少数派）を枠の外において語るのは、典型的な差別の形態です。（中略）

自説を広める目的で、意図的に障がい者・被曝者差別を発信することは、福島人の分断を自ら助長することになります。すでに寄稿の中にも、遺伝性障がい者だけでなく、避難者をも〝県民〟の外において主張する気配が感じられます。

こうした批判が障害者運動の側から再びなされること自体、環境社会学が環境運動の孕む日常の優生思想という問題を積み残し続けてきたことの帰結である。

障害学を一つの特殊領域として成り立たせるのではなく、あらゆる学問の中で障害を一つのテーマとすることが障害学の理想であるとすれば（杉野、二〇〇五）、環境社会学の側から障害学の方へと越境を試みた本書の目的は「公害反対運動の一つの限界」を乗り越える方向性を示すことにある。障害は障害学の問題であると同時に、なによりも環境社会学の問題である。

だが、一方では、原発事故を日本でも現実のものとして経験した後の社会において、障害者運動の側も、環境汚染と障害者の発生を結びつける議論に対して「原発のない社会を訴えることは障害者の否定につながる」と主張するだけでは説得力を持ちにくい。東日本大震災後の二〇一一年一一月、福島県いわき市で自立生活を送る障害者への聞き取りを筆者とともに行った本多創史は、環境汚染の結果として胎児性患者が生まれることを警告することが障害者の否定につながってはならないとする原田正純の議論を紹介したうえで、福島で今後先天性の障害児を産まないようにするという動きが出てくるのではないか、と質問している。

これに対し、聞き取りに応じてくれたAさんは「障害児・先天異常（奇形）児が生まれるから原発に反対する」という論の立て方には賛成できないと答えた。しかし、これに続けて、記録映画『チェルノブイリ・ハート』に登場する先天異常児について「申し訳ないけれど、正直、生きていて幸せなのかなあと。あれが自分達と同じ障害者とは思えないいんですよね。ほんとすごいいんです。遺伝子に異常をもたらすことって、ああいうことなのかと」とも述べている。

原発事故とその後の放射能汚染をめぐって、優生思想が動揺させるのは健常者の側だけではない（本多、二〇一二：一〇二〜一〇七）。環境運動と障害者運動との対峙から生まれる議論は、女性解放運動と障害者運動との出会いから導き出されるものとはおそらく異なる位相にある。

胎児条項新設反対運動の中で青い芝の会の小山正義が訴えたように、根本は、薬害や公害が原因の先天性障害児が生まれないようにするのではなく、公害や薬害の発生を予防することにある。環境運動と障害者運動は、それぞれ異なる問題解決の道を主張しているわけではない。残念ながら再び訪れてしまった環境運動と障害者運動の対話の機会が、その対立構造を確認するだけで終わってしまうだけでは一九七〇年代の繰り返しである。

現在、放射能汚染に限らず、低濃度のメチル水銀曝露や化学物質過敏症など、被害と障害、そして補償と福祉の境界を厳密に引くことが難しい問題は、発達障害や学習障害など、現れ出る障害の形を水俣病の頃の時代とは変えながら実際に発生し続け、そして、おそらくは今後増大していく。それほどまでに日常の優生思想と過去の問題ではまったくない。この機会を逃さずに、障害者運動が投げかけた日常の優生思想を環境社会学の問いとして変換する試みを続けていかねばならないと考えている。

註

第1章　水俣病問題の概要

1　日本にはチッソと同様の工場が七社八工場あり、これらの工場もこの時までにすべて稼働停止している。ここには新潟水俣病を引き起こした昭和電工鹿瀬工場も含まれる。

2　現在の正式名称は「公害健康被害の補償等に関する法律」。

3　裁判で勝訴して水俣病と認定された患者が公健法に基づいて熊本県に補償を請求した例があるため、すべての水俣病認定患者が補償協定に基づく給付を選択しているわけではない。その一例をあげる。

二〇〇四年一〇月に出された水俣病関西訴訟最高裁判決で勝訴し認定された川上敏行は、最高裁から被害を認められたことを受けて熊本県に対し患者認定を求めたが、県は「司法と行政は別」として拒否した。川上が患者と認めさせる訴訟を起こすと県は二〇一一年に認定した。そこで公健法による障害補償（指定疾病による障害の程度が政令で定める障害の程度に該当するものであるとき、被認定者の申請に基づき、その障害の程度に応じて支給される）を熊本県に対して求めた。これに対して県はすでにチッソから賠償金を受け取ったことを理由に補償を行わないことを決定したため、川上はその不支給取り消しを求める裁判を起こした。川上は、裁判で賠償されたのはメチル水銀中毒症で被った損害であり水俣病と同一の理由とはいえない、また、賠償されたのは慰謝料のみであり逸失利益などの経済的損害は含まれないと主張した。これに対し、県は、公健法には患者が損害の補塡を受けた場合自治体は補償の義務を免れるという規定（第十三条）があり、県は補償する義務を免れると主張した。熊本地裁は原告の訴えを退けたが、福岡高裁は自治体による補償には社会保障的な要素もあるなどとして訴えを認め、熊本県が上告した。二〇一七年九月八日に出された最高裁判決は、「二〇〇四年の最高裁判決は全損害に対する賠償をチッソに命じたと解される。知事は公健法に基づく支給義務の全てを免れる」という判断を示し、二審の判決を取り消し、訴えを退けた（「水俣病障害補償費訴訟　川上さん逆転敗訴　確定」『熊本日日新聞』二〇一七年九月九日）。

4　「水俣病『救済終わっている』チッソ社長発言　慰霊式後に」『朝日新聞』二〇一八年五月一日。

5　その一方で、特措法が想定した地域や年齢の境界線の外の人びとの中に受給対象者となった人がいる。

6　この点について、久保田（二〇一七）はせめて医療費救済については恒久的な法律を検討すべきではないかと指摘している。

7　東京・水俣病を告発する会『季刊　水俣支援　東京ニュース』第八六号春号（二〇一八年七月二五日）に記載されている「水俣病患者・被害者数」をもとに作成した。なお、認定患者のうち死亡者数については、水俣病資料館ＨＰ「水俣病認定申請処分状況（二〇一七年一〇月三一日時点）」〈http://www.minamata195651.jp/list.html#3〉（二〇一七年一一月二七日取得）を参照している。

8　この節の記述は、筆者も参加する「公害薬害職業病補償研究会」が発行した『公害薬害職業病被害者補償・救済の改善を目指して　制度比較レポート』（二〇〇九／二〇一五）、および除本（二〇〇七）に依拠している。

9　一九五七年一一月、水俣市議会奇病対策特別委員会は、この問題に関して「被保護者に対し奇病を原因として支給される金銭物品は、総て最低生活費算定にあたっては収入とは認めない事にして貰いたい」などを含んだ陳情を政府に対して行っている（水俣病研究会、一九九六：四一四～四一五）。

10　この四世帯に対して熊本県は水俣市と協議して生活保護法を弾力的に運用することとし、「傷害者加算金」月額二六〇〇円と「在宅患者加算」月額一八四〇円の支給を決めた。この生活保護加算は原爆被爆者に対する制度が参考になっている（「〝原爆症なみの扱いを〟生活保護加算　県、水俣病で要望」『熊本日日新聞』一九六八年八月一八日）。

11　公健法の指定地域は政令によるため政府の裁量で廃止することができる。二〇〇九年、未認定患者を対象とした救済策の議論の際に第二種指定地域解除を含んだ与党案が提出し、これに対し民主党が指定地域解除を含まない独自案を国会に提出した。結果的にこのときは解除にならなかった。公健法の第二種指定地域には水俣病以外に、イタイイタイ病や新潟水俣病など汚染原因物質との関係が一般的に明らかな疾病が含まれている。なお、第一種指定地域である大気汚染公害はすでに解除されているので新たな認定申請ができない。

12　環境省「五二年判断条件に至る経緯」〈http://www.env.go.jp/press/files/jp/16229.pdf〉（二〇一七年一二月五日取得）。

13　「水俣病『国抜き和解』ヤマ場　原告、一二日に初の具体案　東京訴訟」『朝日新聞』一九九一年三月八日。

14　現行の認定基準が最高裁判決で事実上否定されたことで、認定審査会が棄却した患者が訴訟を起こした場合に司法基準に基づいて認定される可能性が出た。これが現実化した場合に委員は批判を受けることになるため、二〇〇四年一〇月三一日で任期切れした委員は再任を拒否し、審査会が機能停止に陥った。これにより未処分者が増大した。また、この頃初期の急性劇症型水俣病や胎児性水俣病が「水俣病」であり自分には関係がないと思っていた人びと、特に四〇~五〇代といった比較的若い世代の間に、最高裁判決を機に手足のしびれや頭痛といった自覚症状など体調不良の原因を水俣病と結びつける解釈が広がったとする調査結果がある（成ほか、二〇〇六）。

15　この事業は「医療・福祉推進事業」（地域生活支援事業と離島等医療・福祉推進モデル事業）と「地域再生・融和推進事業」からなる。

16　環境省「平成二九年度歳出概算要求書」〈http://www.env.go.jp/guide/budget/h29/h29-gaisanyokyu/01.pdf〉（二〇一七年一一月九日取得）。

17　熊本県は一割負担とした理由について、財政的な問題とあわせて、一般障害者との間の公平性をあげている。また、単価が時間ではないことに関しては、水俣病被害補償を担う環境保健部水俣病保健課は福祉を専門とする部署ではなく、地域生活支援事業の担当者も一人しかいないため、障害福祉サービスのような複雑な体系を作ることができずそのような制度設計になったのではないかと説明している（熊本県環境生活部水俣病保健課職員に対する聞き取りによる。実施日二〇一七年八月三日）。

18　原田・田尻（二〇〇九）は、へその緒の水銀値から見ると出生後の発症である小児性水俣病もすでに胎内でメチル水銀の汚染を受けており、胎児性と小児性の区別は困難であったと述べている、注20に記載した東京高裁判決では、胎児性水俣病と後天性小児水俣病を医学的に別のものとして論じているが、本書では胎児性と小児性それぞれの水俣病を厳密に分けて定義することはしていない。

19　当時、日本の一般の脳性麻痺児の発生率は〇・二%から〇・五%であったのに対し、水俣病多発地区では生まれつきの先天性障害児七・〇％から九・〇％であり、当時の日本の脳性麻痺児の発生率と比べて高い割合の先天性障害児が発生していた（原田、二〇〇七：五三）。これに加えて、水俣市や周辺地域での流産や死産も高い割合にあった。水俣病多発地区であった茂道と湯堂の母親八九人を対象に一九七七年に行われた聞き取り調査では、二七二回の妊娠のうち流産三二、死産九、生後一週間以内の死亡は四、流産・死産率にすると一五・一％であったことが示されている（原田、一九九六：二一五）。

20　新潟水俣病行政認定義務付訴訟控訴審における新潟市の「第四準備書面」（二〇一七年六月一四日）に書かれた胎児性水俣病に対する被告側の見解を参照。この訴訟は、新潟水俣病第三次訴訟の原告を含む男女九名が、新潟市に対して新潟水俣病認定義務付けを求めて提訴したものである。被告は新潟市だが実質的には国の主張である。国はメチル水銀曝露から遅れて発症する遅発性水俣病をめぐる論争の中で、胎児期および乳児期におけるメチル水銀曝露を原因とする症候が、曝露終了後数十年経過した後に現れる遅発性水俣病は存在しないと主張している。これに対して被害者側は、初発時期に原告自身が水俣病かどうかを疑うことは困難であるとして、除斥期間の起算点は顕在化時期にあることを主張している。本書は、熊本県水俣市を中心として発生した水俣病を議論の対象としており新潟水俣病は扱っていないが、国の胎児性・小児性水俣病に対する最新の見解を示すものとして引用した。なおこの裁判は、二〇一七年一一月二九日の東京高裁判決が、一審の新潟地裁判決で退けられた二名を含め原告九人全員を患者と認定するよう命じた。これに対して新潟市は最高裁に上告しない方針を固めた。

高裁判決では胎児性水俣病について、以下のような判断となった。

胎児性水俣病の罹患が争われている原告は出生後のメチル水銀曝露が認められるため、胎児性水俣病単独の症候や所見ではなく、胎児性水俣病と後天性小児水俣病が共存した場合である小児水俣病の症候や所見について検討すべきである。後天性小児水俣病では、通常の後天性水俣病と同様の症状が見られる。そのため、一審判決に記載された①胎児性水俣病においては、その主要症候として感覚障害が含まれないとの医学的知見からすると、感覚障害が認められる事情は、胎児性水俣病の病態生理と整合しないものとして評価される、②身体発育の遷延、高度の精神障害を伴った運動機能の発育遅延、筋緊張の異常、運動失調によると思われる運動能力の不全および運動の円滑さの欠如といった胎児性水俣病の主要症候が認められないことは胎児性水俣病と認めるうえで陰性所見となる、という被告側の二つの主張は、胎児性水俣病と後天性小児水俣病が共存した小児水俣病の場合、そのままは妥当しない。

21　しかし、環境省（庁）は胎児期・小児期のメチル水銀曝露の問題について消極的である。一九九〇年、国際化学物質安全計画（IPCS）は、有機水銀の毛髪の警戒基準について、妊娠中の女性は一〇～二〇ppmで胎児に影響を与える可能性があると示唆したが、これに対し、当時の環境庁は「基準を広げると水俣病対策に支障がある」として反論に終始した。原田正純は「このままではわが国のメチル水銀の環境保健基準や精神運動遅滞をタテにとった新たな補償問題の発生、現行訴訟への影響など行政への甚大な影響が懸念される」という当時の環境庁の非公開文書を引用し、これを日本の水銀問題の研究史の汚点としている（原田、二〇一一：三四一）。

第2章　被害の周辺からの思考

1　アメリカでの環境社会学の本格的な始まりを告げた〝Environmental Sociology〟（1978）と題された論文で、執筆者であるキャットンとダンラップは、社会的事実を他の社会的事実からによってのみ説明し、環境的要因を排除してきた従来の社会学を「人間特例主義パラダイム」(Human Exemptionalism Paradigm) と批判し、人間の経済活動と生態系のニーズの間に均衡を取り、人間社会はその要求や自然への影響を減らすべきことを旨とした「新エコロジカル・パラダイム」(New Ecological Paradigm) に基づく社会学を打ち立てることを提唱した (Catton & Dunlap, 1978)。その意味で、「環境問題の社会学」("sociology of environmental issues") ではなく「環境社会学」("environmental sociology") である必要があった。しかし、その始まりこそ既存の社会学理論を批判し、乗り越えることを意図した環境社会学であるが、現在ではそのようなパラダイム論争は収束しており、マルクスやヴェーバー、デュルケームら初期の社会 (科) 学者の議論を環境社会学の中に組み入れようとする議論もある (Pellow and Brehm, 2013)。

2 飯島のアメリカ環境社会学に対する評価は否定から肯定へと徐々に変化している。初期には「その格調高い主張とは裏腹に、ダンラップらは、その後、環境社会学の新パラダイムを肉付けすることはしていない」と批判したうえで、「日本においては、環境社会学をパラダイム転換の視点から論じるというアメリカ風の議論はほとんどなされておらず、むしろ、より実質的な、理論的枠組みの基礎となる実態把握を優先させ、地道な数多くの実証研究が蓄積されている」(飯島、一九九四c：二一五) と述べている。しかし、その後はダンラップとの交流などを通してアメリカ環境社会学を評価するようになる。たとえば、アメリカにおける環境社会学の提唱は「方向を見定めかね、失速しかけていた日本の環境問題の社会学的研究に、一種の『復活の奇跡』効果をもたらす役割」を持ち、それまで個別に環境問題に取り組んできた日本の若い社会学者たちを一つにまとめることに効果を発揮したと評価している (飯島、二〇〇一：八)。

3 飯島 (二〇〇一) は、農村社会学者である福武直や島崎稔らが一九五五年に発表した茨城県日立地区と群馬県安中地区の鉱工業による環境破壊の地域社会に対する影響調査を、日本における環境問題の社会学的研究の初期業績に位置付けている。

4　飯島自身もこの時期、新潟水俣病をめぐる運動を事例に論文を書いている（飯島、一九七〇）。この中で、産業公害に対する抵抗力が蓄積されたとして、今後各地で被害者運動が活発になることで補償と公害防止がはかられていくという期待が述べられているように、当時水俣病を含む公害問題に対する関心の一つに被害者運動があった。

5　「はじめに」で述べたように、本書は環境社会学の始まりを被害構造論が提出された一九八四年に見ているが、被害構造論が社会学者によって評価されるようになるのは、一九九〇年代、後の環境社会学会である環境社会学研究会の発足前後のことである（友澤、二〇一四：一〇四）。

6　環境社会学会の会則第二条（目的）には次のように書かれている。「本会は、環境社会学の研究に携わる者による研究成果の発表と相互交流を通して環境に関わる社会科学の発展および環境問題の解決に貢献することを目的とする」。

7　「公害被害の事後的リスク」という表現について、森久（二〇一三）は「事後」という表現が水俣病は終わったという印象を与えること、また被害者でなければ直面しないような問題を「リスク」と表現することに対し違和感を持つと述べている。

8　原田正純は、後年、胎児性患者の被害の深刻さを訴えることに力点を置いたことによってそれ以外の側面が見落とされてしまったとして、次のように反省している。「私自身はかつて裁判が起こった後に、胎児性の子どもたちがいかに障害が強いかということを、あるいは能力的に劣っているかということをしきりに映画やテレビでしゃべったことがあるんです。それも確かに一つの事実です。あの時代は被害の大きさというものをある程度アピールしなきゃいけなかった。だからそれも一つの事実なんですけれども、よく考えてみるとですね、失われたものも多かったんだけれども、胎児性の子どもたち、障害を持った子どもたちに残されたものの豊かさ、残されたものの美しさ、素晴らしさというものをもう少し主張すべきであったんではないかというふうに反省しています。そういう意味で水俣からいろんなことを学んだんですけど、とくに命の価値について非常に深く考えさせられたという点で、私は胎児性との付き合いが良かったというふうに思っております」（「NHK人間講座　水俣・未来へのメッセージ　第四回二一世紀の人類へ」〔二〇〇〇年放送〕より引用）。

9　本書の論点に直接的には関係しないが、もう一つの類似点として、運動と学問との間の開きがあげられる。杉野昭博は、イギリスやアメリカにおいては障害学理論が障害者運動と軌を一にして展開してきたが、日本の場合は障害者運動が障害学の成立に大きく先行したと指摘する（杉野、二〇〇七：二一九～二二〇）。本文で述べた通り、日本で障害学会が設立されたのは二〇〇三年だが、それに先立つ一九七〇年代以降の障害者運動が日本の障害学を形作づくっている。一九九〇年以降本格化する日本の環境社会学（本書ではその始まりを一九八四年に見ているが）も類似して、一九六〇年代後以降活発になる反公害運動に源流に持っており、運動と学問の間の時間的開きがある。

10　そのためか、障害学では公害事件や環境災害と結びついた障害の問題はあまり議論の対象とはならない。障害学の観点を応用して水俣病を論じたものとしては森下（二〇一三）があげられる。森下は有機水銀に曝露しているすべての人びとを対象として医療費負担を行う「住民手帳」という提案（花田、二〇〇五）に注目し、そこにアメリカ障害学が経験した当事者性をめぐる困難、すなわち当事者を広い範囲で想定するゆえに生じた複数の当事者性（「障害者手帳保持者」、保持しない「多様な障害や病気を持つ人」、一般的に健常者と見られる「潜在的障害者」）間の連帯という課題を乗り越える可能性を見ている。

1　本書における明水園に関する記述については、社会福祉法人水俣市社会福祉事業団20周年誌編纂委員会編（一九九二）を参照している。

2　「第七一回国会衆議院　公害対策並びに環境保全特別委員会議事録第十三号」（昭和四八年四月一一日開催）〈http://kokkai.ndl.go.jp/SENTAKU/syugiin/071/0623/07104110623013.pdf〉（二〇一七年一〇月五日取得）より引用。続く坂本フジエの引用もこの資料を利用している。

3　「水俣病の子らに愛を　熊短大、水俣市立病院〝励ます会〟の会員募集」『熊本日日新聞』一九六四年八月一四日。内田の発言については「知事は再調停を、〝励ます会〟の内田教授語る、安すぎる見舞金」『西日本新聞』一九六八年九月一〇日から引用した。その後、この時調査に参加した卒業生二名が内田の働きかけによりリハビリセンターの開院と同時に医療ケースワーカーとして採用されている。

4　「若い患者の集り」が本格的に活動を始めていく一つのきっかけに、一九七五年に水俣高校の生徒が校内弁論大会のために書いた「水俣病という名前に対して」と題する文章が引き起こした騒動があった。この文章は、修学旅行で水俣病といわれバカにされた経験から、水俣病という病名をつけた人は水俣に住む人の気持ちを考えたことがあるのかと述べた後で、水俣病患者は会社が悪い、補償金を出せと騒ぎ立て、お金をもらって楽な生活をしている、「水俣病になりさえすれば、いくら働いても簡単に手に入らないくらいのお金をもらえるのだから、いっそのこと、水俣病になって楽にくらした方がいいのではないかと誰だって思います」という内容であった。これが校内で第一位となり、県代表に選ばれた。県大会では内容に問題があるということで集録から削除されたが、高校の卒業記念誌には掲載され全家庭に配布され問題化した。この事件に対して若い患者らが中心となって強く抗議した。これを受けて学校側は謝罪し、公害教育を促進することを患者側に対して申し合わせた（原田、一九八五：一九六～一九七／三田村、一九七七）。こうした胎児性患者らの運動の背景には、胎児性患者らとともに「若衆宿」と銘打ちその活動を組織してきた吉田司の存在がある。「若衆宿」の成り行きについては吉田が水俣に住み込んだ際の聞書に基づいた『下下戦記』（吉田、一九八七）に克明に記されている。

5　江郷下一美は、後述する若い患者の集まりのメンバーとして吉田司と活動し、「仕事ばよこせ！　人間として生きる道ばつくれ!!」にも名を連ねている美一の兄である。

6　これにあわせて若い患者たちは、横浜の寿町で日雇労組とともに「仕事よこせ」の市役所交渉へ参加したり、三里塚の青年行動隊や青い芝の会の会員との交流を行うなどしている。

7　キノコ工場は相思社の経済的な柱になることなく一九八三年に閉鎖された。建物は現在は水俣病歴史考証館として利用されている。

8　このとき、水俣病患者連盟・水俣病認定申請患者協議会もまた「水俣病被害の復権補償、恒久対策に関する要求」を石原慎太郎宛に提出しているが、ここで要求されている恒久対策の中で、胎児性患者に関するものはない（水俣病患者連盟・水俣病認定申請患者協議会、一九七八：一二～一六）。このことからも、当時、その要求は被害者全体の運動的課題にはなっていなかった様子がうかがえる。

9　石原は、胎児性水俣病患者の社会復帰をはかる財団法人作りが水俣病対策の課題としていたが、一九七七年一一月末に大臣職を引き継いだ山田久就はこの構想の解消を就任翌月に明言している。以上を含む石原慎太郎の言動と石川さゆりのコンサートついては、以下の新聞記事を参照した。「シンタロー長官正念場　水俣

〝苦海浄土〟の旅　汚名返上へ」『読売新聞』一九七七年四月二一日、「シンタロー長官、波乱の視察　今会いたくない　不自由な手に抗議書　若い患者」『読売新聞』一九七七年四月二三日、「石原長官三泊四日〝水俣認識〟ずれっ放し　行政より取材旅行？」『読売新聞』一九七七年四月二五日〈夕刊〉、「『石原構想』を解消　地域振興策で救済　胎児性水俣病で環境庁」『読売新聞』一九七七年一二月三一日、「がんばれ！胎児性水俣病患者〝さゆりショー開催へ全力〟」『読売新聞』一九七八年八月二五日、「会館使用量は半額で　水俣病患者の歌謡ショーで」『熊本日日新聞』一九七八年九月六日。

10　一九七八年のコンサートから三九年をへて、「石川さゆりを招ぶ若い患者の会」は「若かった患者の会」と名を改め、再び二〇一七年二月に石川さゆりコンサートを実現させた。

11　金刺（一九八六）の著者名は「金刺順平」ではなく「金刺順一」と表記されている。

12　「胎児性水俣病患者が小工房で和紙漉き」『朝日新聞』一九八六年一〇月三日。

13　「明水園が開園二〇周年　胎児性患者の将来は…」『朝日新聞』一九九二年一月一五日。

14　このプレハブ小屋は支援者仲間から寄贈された阪神・淡路大震災の時実際に使われたものである。

15　谷洋一氏への聞き取りによる（実施日二〇一七年八月四日）。

16　「水俣ほたるの家、私のほたるの家、坂本しのぶ」熊本県新幹線環境を守る連絡協議会・水俣病患者支援施設水俣ほたるの家『九州新幹線建設に反対する住民の意見』二〇〇二、二七頁。

17　「胎児性水俣病　公式確認から四〇年　健康、将来…募る不安」『西日本新聞』二〇〇二年一二月一五日。

18　「胎児性患者　見えぬ未来　『娘、死ぬまで暮らせる場所を』」『西日本新聞』二〇〇五年四月八日。

19　「胎児性水俣病患者生活支援へ基金　共同作業所代表・加藤さん創設」『熊本日日新聞』二〇〇二年三月二一日。

20　金子雄二への聞き取りによる（実施日二〇一一年一二月）。
21　「おるげ・のあ」は障害者総合支援法の定めるグループホームに区分される。障害福祉サービスには、共同生活を営むことを提供するサービスとして、「ケアホーム（共同生活介護）」と「グループホーム（共同生活援助）」が用意されてきたが、平成二六年四月の障害者総合支援法の施行後、「ケアホーム」は「グループホーム」に一元化された。
22　若槻菊枝の生涯とその水俣病患者支援については奥田（二〇一七）に詳しい。若槻の描いた絵やバーに置いてあったカンパ箱「苦海浄土基金」は、ほっとはうすに寄贈されている。なお、「のあ」はノアの箱舟から取って命名したという説明もある。
23　「水俣病患者自立へ我が家」『朝日新聞』二〇一四年四月二五日。
24　「胎児性・小児性患者らの居住施設完成」『読売新聞』二〇一四年四月五日。
25　「胎児性患者らに『終のすみか』全国初のケアホーム」『朝日新聞』二〇一四年一月一〇日。
26　現時点（二〇一七年七月）で「ほっとはうす」が展開している主な事業は下記の通り（『社会福祉法人さかえの杜二〇一七年度事業計画』を参照）。

〈社会福祉事業部門〉

小規模多機能事業所「ほっとはうす」（みんなの家）

就労継続支援Ｂ型事業…水俣病を伝えるプログラム、自主製品部門（エコバック、押し花〔名刺、しおり〕など）、新聞切り抜き、パン部門、喫茶部門など。

生活介護事業

短期入所事業

日中一時支援事業
など
〈公益事業部門〉
①共同生活援助事業所「おるげ・のあ」
②水俣病関連情報発信事業
③胎児性小児性水俣病患者リハビリテーション支援事業の活用

27　当時福祉生協の職員であった中村倭文夫（はまちどり初代理事）は被害者らによって設立された「本願の会」のメンバーであり、ほっとはうすやほたるの家の関係者と面識があった。そうした関係の中での要請であった。
28　「水俣病患者と家族の滞在型施設完成」『熊本日日新聞』二〇一一年八月二九日。
29　明水園は福祉と合わせて医療を主な活動内容としてきたため、新体系の中で唯一医療を伴う療養介護を選択した（社会福祉法人水俣市社会福祉事業団職員への聞き取による〔実施日二〇一七年八月三日〕）。入所者が減少していった場合に、今後、明水園をどう定義し運用していくのかは大きな論点になると考えられる。
30　この点については、水俣には障害を持ち生まれた胎児性患者たちを「宝子（たからご）」として生み育てた実践や思想があることにも踏まえなければならない（原田、二〇〇九）。
31　もとより水俣病闘争それ自体も補償金獲得のみめざした運動では決してなかった。この点に関しては本書第五章第三節の渡辺（二〇一七）の引用部分を確認されたい。

1　「完成した水俣市立病院付属湯之児病院リハビリテーション・センター」『熊本日日新聞』一九六二年三月三日。なお、この記事にある「健康福祉都市」とは、一九六二年に水俣市政の最高目標として掲げられた「健康福祉都市水俣の建設」――「市民の健康保持はすなわち産業振興につながるという考えを基調に、全市民が健康で明るく、公園化された環境の中に生活の向上をはかり、商工水産、農林畜産の振興に全力を傾注できる諸条件を確立しよう」（水俣史編さん委員会、一九九一：二八）――を意味している。ここに書かれてあるように、リハビリセンターや健康福祉都市といった施策が水俣病患者を対象としていたわけではない。石田雄はこの時期の市報を引用しながら次のように述べている。「一九六三年（昭和三八年）一一月一日号には『健康福祉まつり』の記事があるが、『更に全市民の福祉と健康を記念して盛会に終った』とあり、水俣病には全く言及がない。一九六四年（昭和三九年）八月一五日号の『リハビリセンターの設立にあたって』と題する記事でも水俣病については、わずかに『湯之児病院の設立動機は水俣病患者のリハビリティションにあったのですが、たまたま日本におけるリハビリティション医学振興の時機と一致し』とあるにすぎない」（石田、一九八三：七〇）。

2　「胎児性の患者〝コロニー〟計画も　橋本市長、水俣病で語る」『熊本日日新聞』一九六八年九月一一日。

3　一九六五年に首相の諮問機関である社会開発懇談会が出した中間報告で、社会復帰が可能な障害者にはリハビリテーションを保障し、それが不可能な障害者についてはコロニーに収容することが提言された。また、厚生大臣の諮問機関「心身障害児の村（コロニー）懇談会」の意見書を受け、以降大規模な障害者収容施設の建設が日本各地で進められていく。橋本市長の言う福祉対策も当時のこうした障害福祉政策の文脈上にある。

4　あわせてこの頃から未就学児童である胎児性患者らのための訪問教育が実施されるようになった。

5　「チッソが福祉工場　患者ら救済へ計画」『読売新聞』一九七三年一月一七日。

6　「第七一回国会衆議院　公害対策並びに環境保全特別委員会議事録第十三号」（昭和四八年四月一一日開催）より引用。

7　相思社「水俣市の三五年」〈http://www.soshisha.org/jp/35years_minamata〉（二〇一七年八月四日取得）。

8　それよりも前に計画されていたものとして、熊本県と水俣市による「扇光園」（仮称）と名付けられた授産施設がある。水俣病患者を中心に五〇人を収容し、チッソの子会社である「チッソ開発株式会社」の下請け作業として、リミス（のりをほすスダレ）製造、ケムテープ（荷造り用ひも）巻き、ゴミ入れ用ポリ袋の梱包、発砲スチロールの整形などの作業を行いながらリハビリテーション（社会復帰）をめざす計画であった。公害病患者を対象にした授産施設は国内で初の試みということもあり、厚生省も助成することを決定した。しかし、水俣病の元凶であるチッソの子会社の下請けであるだけでなく、当時プラスチック公害として問題化していた発泡スチロールの整形を被害者自身に行わせる行政に対する批判が起きた（「水俣患者の授産に公害の元発ぽうスチロール作り　無神経すぎる役所仕事」『読売新聞』一九七一年八月二五日）。

9　「第七一回国会衆議院　公害対策並びに環境保全特別委員会議事録第十三号」より引用。

10　相思社「水俣市の三五年」〈http://www.soshisha.org/jp/35years_minamata〉（二〇一七年八月四日取得）。なお、チッソによる明水園の関与として確認できるのは、病院事業の側面（補償協定に基づく医療費全額〔一二〇％〕負担）とパジャマなどの日常生活用品の支給である。

11　公害保健福祉事業の概要については除本（二〇〇七）を参照した。

12　公健法の基になった中央公害対策新議会の答申では、公害健康保健福祉事業は、次のように記載されている。「公害により損害を受けた患者にとって最も大事なことは、損なわれた健康と福祉をすみやかに回復することである。この趣旨から、本制度においては、基本的には民事責任をふまえた損害賠償補償制度として、医療費、補償等の給付を行うとともに、患者の公害によりそこなわれた健康と福祉を回復するために必要な事業を推進すべきである。このような見地から患者の健康の回復・増進に資するためには、必要に応じ、疾病の診断や検査に関する施設、療養に関する施設、リハビリテーションに関する施設等の設置運営ならびに健康被害の予防、患者等の福祉の増進等を図る事業を推進することがのぞましい」（淡路、一九七五：一八九）。

13　「第七一回国会参議院公害対策及び環境保全特別委員会会議議事録第一五号」〈http://kokkAi.ndl.go.jp/SENTAKU/sAngiin/071/1570/07109121570015.pdf〉（二〇一七年七月五日取得）より引用。

14　特定賦課金とは、水俣病などのような特異的な疾病にかかっている者に対する補償給付に必要な費用に充てるため、疾病の原因となる物質を排出した事業者から賦課徴収するものをいう。

15　水俣病でも公害保健福祉事業費は実施されており、累計で七二八二万円となっている（除本、二〇〇七：六〇）。

16　「水俣病、真剣に努力　北川石松さん」『朝日新聞』一九九〇年一二月二三日。

17　小島敏郎は、政治解決当時、環境庁企画調整局保健部保健企画課長を務めていた。

18　しかし、これらの事業ではもやい直しというよりも埋立地の開発・整備が優先されていた。なお「もやい直し」の展開については山田（一九九九）に詳しい。

19　水俣市立水俣病資料館「平成七年水俣病犠牲者慰霊式式辞・祈りの言葉」〈http://www.minamata195651.jp/requiem_1995.html〉（二〇一七年一〇月五日取得）より引用。

20　水俣市立水俣病資料館「平成一二年水俣病犠牲者慰霊式式辞・祈りの言葉」〈http://www.minamata195651.jp/requiem_2000.html〉（二〇一七年一〇月五日取得）より引用。

21　加藤たけ子「胎児性水俣病患者等の生活実態と地域福祉の課題」〈http://www.env.go.jp/council/26minamata/y260-07/mat04.pdf〉（二〇一八・七・一一取得）。

22　以下の発言は「第七回水俣病問題に係る懇談会会議録」による〈http://www.env.go.jp/council/26minamata/y260~07a.html〉（二〇一八・七・一一取得）。

23　地域生活支援事業の具体的な構想・立案を担った森枝敏郎は、一九九〇年代後半に水俣振興推進室に勤めもやい直しに関わり、その後健康福祉部をへて、二〇〇四年度環境生活部次長として県の水俣病対策事業に再び携わるようになった。地域生活支援事業は健康福祉部での経験がふまえられている（森枝、二〇一六）。その協議の過程で九月末に設置された環境省水俣病発生地域環境福祉推進室の室長補佐を兼務し、事業の運用にも携わっている（森枝敏郎氏への聞き取りによる。実施日二〇一六年二月六日）。なお、福祉対策が最高裁判決後の県の対策の柱に盛り込まれた要因として、潮谷知事が一九九九年に副知事に任命される以前、福祉の現場で働いていたこと（慈愛乳児ホーム園長）も推測される。

24　地域生活支援事業が法に基づくものではなく、毎年予算化される事業であるため今後も継続されるのかを不安視する声もある。しかし、最高裁判決以降の福祉施策が昭和五二年判断条件に手を加えないための免罪符であるという点を踏まえれば、水俣病対策の中で唯一とも言える成果を出している福祉施策を容易に廃止することはできないというのが行政側の実情と推察することもできる。

第5章　補償か、それとも福祉か

1　「小林環境事務次官が退任　水俣病福祉など課題」『熊本日日新聞』二〇一一年一月八日。

2　水俣病資料館「平成二四年水俣病犠牲者慰霊式式辞・祈りの言葉」〈http://www.minamata195651.jp/requiem_2012.html〉（二〇一七年一〇月五日取得）より引用。

3　環境省「水俣病問題の解決に向けた今後の対策について」（平成二四年八月三日）〈http://www.env.go.jp/chemi/minamata/pdf/kongo_no_taisaku.pdf〉（二〇一七年一〇月五日取得）より引用。

4　現在はまちどり代表を務める太田清は「原因がなんであれ必要な支援を」と考えている。水俣病患者も障害者の一人であるのだから既存の福祉サービスも使えるはずである。また、地域生活支援事業との併用では地域福祉の底上げにならない。そこで既存の障害者福祉に基づくサービスを基本として、地域生活支援事業を必要に応じて活用しながらも徐々に縮小していきたいと語っている。NPO立ち上げ時においては胎児性患者たちの生活支援が大きな目標としてあったが、それを維持しつつ、今後は水俣病以外の障害者にも力を入れ、広い意味で障害者支援を行っていきたいという。なお、利用者で見ると高齢者（一五名）が多いが内容・量的には障害者（一二名、うち六名が水俣病患者）の方が多い。ヘルパーは不足気味であり、介護保険の新規利用は断っているという（「はまちどり」代表太田清への聞き取りによる。聞き取り実施日二〇一七年七月六日）。

5　「ほたるの家」スタッフへの聞き取りによる（実施日二〇一六年二月五日）。

6　「進む患者の高齢化　支援の拡充訴え」『熊本日日新聞』二〇一三年四月四日。
7　「はまちどり」代表太田清への聞き取りによる（実施日二〇一六年一月八日）。
8　二〇一一年一二月から二〇一二年一月にかけて二回にわたり実施した松永幸一郎への聞き取りによる。
9　『水俣病五〇年を生きて～胎児性患者は今～』（二〇〇六年六月一五日放送、教育テレビ）より引用。
10　永本賢二への聞き取りによる（実施日二〇一二年一月）。

第6章　先天性（胎児性）という問い

1　患者数は『季刊 水俣支援 東京ニュース』第八六号夏号（二〇一八年七月二五日）を参照した。また、死亡者については、公害薬害職業病研究会（二〇〇九）に依る。
2　受胎調節指導に関する事実と経過に関する記述は、斎藤（一九九六）、原田（二〇〇七）、原田・田尻（二〇〇九）、松村他（二〇〇三）、浦崎（二〇〇五）を参照している。
3　調査は事件概略説明紙およびアンケート用紙を配布し、事項選択式となっている。対象は、調査の正確性を期するためにインテリを主とし、学生・医師・助産婦・薬剤師・法曹・教員・児童専門家・保母等社会福祉関係者・宗教家・ジャーナリスト・公務員・会社員・主婦等にわたり全国的に行われた。調査は二回に分けて行われ、一回目は一、一〇〇人を対象とし（回収率九三・三％、一〇二六名）、二回目は九〇〇名（七三・八％、六六四名）であった。後述する植松調査では、女子学生を中心に選んだことについて、「いうまでもなく、ことがらの性質上、この問題に対する女子の態度を知りたかったからである」（植松、一九六三：三二）と説明されている。都内の数カ所の大学の法（九〇名）、文（一二三名）、医学部（七五名）の女子学生が調査対象として選ばれている。また、女子と比較するための男子として文学部所属学生（八六名）に対しても同様の調査が行われた。

4　第三〇条「身体障害者療護施設」は次のように書かれている。「身体障害者療護施設は、身体障害者であって常時の介護を必要とするものを入所させて、治療及び擁護を行う施設とする」。現在この条文は削除されている。

5　水上は一九五九年九月にＮＨＫで放映されたドキュメンタリー番組『日本の素顔』で水俣病を取り上げた「奇病のかげに」という回を見たことがきっかけで、小説の取材として水俣を訪ねている。なお、当時「奇病」といわれていた水俣病の実情を初めて全国に伝えた番組である。

6　青い芝の会の行動綱領は次の通り（横塚、二〇〇七：一一〇）。

一、われらは自らがＣＰ者であることを自覚する。
われらは、現代社会にあって「本来あってはならない存在」とされつつある自らの位置を認識し、そこに一切の運動の原点をおかなければならないと信じ、且つ行動する。

一、われらは強烈な自己主張を行う。
われらがＣＰ者であることを自覚したとき、そこに起こるのは自らを守ろうとする意志である。われらは強烈な自己主張こそそれを成しうる唯一の路であると信じ、且つ行動する。

一、われらは愛と正義を否定する。
われらは愛と正義の持つエゴイズムを鋭く告発し、それを否定する事によって生じる人間凝視に伴う相互理解こそ真の福祉であると信じ、且つ行動する。

一、われらは問題解決の路を選ばない。

われらは安易に問題解決を図ろうとすることがいかに危険な妥協への出発点であるか、身をもって知ってきた。

われらは、次々と問題提起を行うことのみ我らの行い得る運動であると信じ、且つ行動とする。

7　政府は、障害者団体だけでなく女性団体、野党からの反対を受け、最終的には一九七四年の衆議院での優生保護法改正案の採択の際に胎児条項の削除の修正に応じた。

8　こうした父母の会の運動は、水俣病におけるチッソというような明確な加害者が現れず徐々に行き詰まる。一九八〇年代以降は、胎児診断や選択的中絶などと関連して障害の原因を科学的に究明することの危険性に対し敏感になっていき、被害者性を強調するよりも障害を持ちありのままに受容する運動へと転換していく（堀、二〇一四：一五四～一五六）。だが父母の会が環境汚染と障害の発生を関連づけなくなったわけではない。たとえば父母の会が編集した『ぼくの手、おちゃわんタイプや』（三省堂、一九八四）では、催奇形性物質のどれかが作用して先天異常を引き起こすとされ、その具体例として胎児性水俣病（有機水銀）やカネミ油症（ＰＣＢ）の環境汚染物質の問題が取り上げられている。

9　森岡（二〇一一）は、日本の生命倫理は一九七二年前後、女性と障害者の運動が衝突した頃に形成され、その後の議論の方向性を決定づけたと指摘している。こうした記述からも、当時、反公害運動が「内なる優生思想」を自らの問題として受け止めていなかった様子がうかがえる。

10　「ほたるの家」谷洋一への聞き取りによる（実施日二〇一六年一月八日）。

11　「はまちどり」代表太田清への聞き取りによる（実施日二〇一六年二月二日）。

12　このやりとりが記録されたカセットテープは、東京水俣病を告発する会の久保田好生氏からお借りした。聞き取りにくい箇所については筆者が適宜補っている。

資料

A―一九五九（昭和三四）年「見舞金契約」

「契約書」

一九五九年一二月三〇日

新日本窒素肥料株式会社（以下「甲」という。）と渡辺栄蔵、中津美芳、竹下武吉、中岡さつき、尾上光義、前田則義（以下「乙」という。但し本契約において乙は別紙添付の水俣病患者発生名簿記載の患者のうち現に生存する者については本人を、既に死亡してゐる者についてはその相続人及び死亡者の父母、配偶者、子をすべて代理するものとする）とは両当事者間に生じた水俣病患者に対する補償問題について、不知火海漁業紛争調停委員会が昭和三四年一二月二九日提示した調停案を双方同日受諾したのでこゝに甲と乙は次のとおり契約を締結する。

第一条　甲は水俣病患者（すでに死亡した者を含む。以下「患者」という。）に対する見舞金として次の要領により算出した金額を交付するものとする。

一、　すでに死亡した者の場合

（一）発病の時に成年に達していた者

発病の時から死亡の時までの年数を十万円に乗じて得た金額に弔慰金三十万円及び葬祭料二万円を加算した金額を一時金として支払う。

（二）発病の時に未成年であった者

発病の時から死亡の時までの年数を三万円に乗じて得た金額に弔慰金三十万円および葬祭料二万円を加算した金額を一時金として支払う。

二、　生存している者の場合

（一）発病の時に成年に達していた者

（イ）発病時から昭和三十四年十二月三十一日までの年数を十万円に乗じてえた金額を一時金として支払う。

（ロ）昭和三十五年以降は毎年十万円の年金を支払う。

（二）発病の時に未成年であった者

（イ）発病の時から昭和三十四年十二月三十一日にまでの間未成年であった期間についてはその年数を三万円に、成年に達した後の期間については毎年五万円を年金として支払う。

（ロ）昭和三十五年以降は成年に達するまでの期間は毎年三万円を、成年に達した後の期間については毎年五万円を年金として支払う。

三、年金の交付を受けるものが死亡した場合

すでに死亡した者の場合に順次弔慰金及び葬祭料を一時金として支払い、死亡の月を以って年金の交付を打ち切るものとする。

四、年金の一時払いについて

（一）水俣病患者審査協議会（以下「協議会」という）が症状が安定し、又は軽微であると認定した患者（患者が未成年である場合はその親権者）が年金にかえて一時金の交付を希望する場合は、甲は希望の月をもって年金の交付を打ち切り、一時金として二十万円を支払うものとする。

但し一時金の交付希望申し入れの期間は本契約締結後半年以内とする。

（二）（一）による一時金の支払いを受けた者は、爾後の見舞金に関する一切の請求権を放棄したものとする。

第二条　甲の乙に対する前条の見舞金の支払は所要の金額を日本赤十字社熊本県支部水俣市地区長に寄託しその配分方を依頼するものとする。

第三条　本契約締結日以降において発生した患者（協議会の認定した者）に対する見舞金については、甲はこの契約の内容に準じて別途交付するものとする。

第四条　甲は将来水俣病が甲の工場排水に起因しないことが決定した場合においては、その月をもって見舞金の交付は打ち切るものとする。

第五条　乙は将来水俣病が甲の工場排水に起因することが決定した場合においても、新たな補償金の要求は一切行わないものとする。

本契約を証するため本書二通を作成し、甲、乙、各一通を保有する。
昭和三十四年十二月三十日

（出典・川本、二〇〇六：五九六～五九八）

B―一九七一（昭和四六）年「事務次官通知」

「公害に係る健康被害の救済に関する特別措置法の認定について」

一九七一年八月七日

環企保第七号
各関係都道府県知事・政令市市長宛　環境庁事務次官通知

公害に係る健康被害の救済に関する特別措置法（以下「法」という。）は、昭和四四年一二月一五日交付（医療費等の支給に関する規定については、昭和四五年二月一日施行）されたところであり、公害の影響による疾病に罹患している者の救済にあたって相当の効果をあげていることは周知のとおりであるが、法第三条の規定に基づき都道府県知事等が行う認定処分については、昨年来いくつかの疑義が呈せられ、種々論議されたところである。

本法は、公害に係る健康被害の迅速な救済を目的としているものであるが、従来、法の趣旨の徹底、運用指導に欠けるところのあったところは当職の深く遺憾とするところであり、水俣病認定申請棄却処分に係る審査請求に対する裁決に際しあらためて法の趣旨とするところを明らかにし、もって健康被害救済制度の円滑な運用を期するものである。

法の運用の適否は公害対策の推進に影響するところが多大であるので、次の事項に十分留意するとともに、別添で示す前記裁決書の趣旨を参考とし、法に基づく認定に係る迅速な処分を行うべく努められたい。

なお、関係公害被害者認定審査会委員各位に対し、この旨を周知徹底されたい。

記

第一　水俣病の認定の要件

（一）水俣病は、魚介類に蓄積された有機水銀を経口摂取することにより起る神経系疾患であって、次のような症状を呈するものであること。

（イ）後天性水俣病

四肢末端、口周囲のしびれ感にはじまり、言語障害、歩行障害、求心性視野狭窄、難聴などをきたすこと。また、精神障害、振戦、痙攣その他の不随意運動、筋硬直などをきたす例もあること。

（ロ）胎児性または先天性水俣病

知能発達遅延、言語発達遅延、言語発達障害、咀嚼嚥下障害、運動機能の発育遅延、協調運動障害、流涎などの脳性小児マヒ様の症状であること。

（二）前期（一）の症状のうちいずれかの症状がある場合において、当該の症状のすべてが明らかに他の原因によるものであると認められる場合には水俣病の範囲に含まないが、当該症状の発現または経過に関し魚介類に蓄積された有機水銀の経口摂取の影響が認められる場合には、他の原因がある場合であっても、これを水俣病の範囲に含むものであること。

なお、この場合において、「影響」とは、当該症状の発現または経過に、経口摂取した有機水銀が原因の全部または一部として関与していることをいうものであること。

（三）（二）に関し、認定申請人の示す現在の臨床症状、既往症、その者の生活史および家族における同種疾患の有無等から判断して、当該症状が経口摂取した有機水銀の影響によるものであることを否定し得ない場合においては、法の趣旨に照らし、これを当該影響が認められる場合に含むものであること。

（四）法第三条の規定に基づく認定に係る処分に関し、都道府県知事等は、関係公害被害者認定審査会の意見において、認定申請人の当該申請に係る水俣病が、当該指定地域に係る水質汚濁の影響によるものであると認められている場合はもちろん、認定申請人の現在に至るまでの生活史、その他当該疾病についての疫学的資料等から判断して当該地域に係る水質汚濁の影響によるものであることを否定し得ない場合においては、その者の水俣病は、当該影響によるものであると認め、速やかに認定を行うこと。

第二　軽症の認定申請人の認定

都道府県知事等は、認定に際し、認定申請人に当該認定に関わる疾病が医療を要するものであればその症状の軽重を考慮する必要はなく、もっぱら当該疾病が当該指定地域に係る大気の汚染または水質の汚濁の影響によるものであるか否かの事実を判断すれば足りること。

第三　すでに認定申請棄却処分を受けた者の取扱い

都道府県知事等は、認定申請に係る疾病が、当該指定地域に係る大気の汚染または水質の汚濁の影響によるものではない旨の処分を受けた認定申請人について、上記の趣旨に照らし、あらためて審査の必要があると認められる場合には、当該原処分を取り消し、関係公害被害者認定審査会の意見をきいて、当該認定申請に係る処分を行うこと。

第四　民事上の損害賠償との関係

法は、すでに昭和四五年一月二六日厚生省事務次官通達において示されているように、現段階においては因果関係の立証や故意過失の有無の判定等の点で困難な問題が多いという公害問題の特殊性にかんがみ、当面の応急措置として緊急に救済を要する健康被害に対し特別の行政上の救済措置を講ずることを目的として制定されたものであり、法第三条の規定に基づいて都道府県知事等が行った認定に関する行政処分は、ただちに当該認定に係る指定疾患の原因者の民事上の損害賠償の責任の有無を確定するようなものではないこと。

（出典・川本、二〇〇六：六〇五～六〇八）

C―一九七三（昭和四八）年「補償協定」

一九七三年七月九日

「協定書」

水俣病患者東京本社交渉団と、チッソ株式会社とは、水俣病患者、家族に対する補償などの解決にあたり、次のとおり協定する。

〈前文〉

一、チッソ株式会社は、水俣工場で有害物質を含む排水を流し続け、廃棄物の処理を怠り、広く対岸の天草を含む水俣周辺海域を汚染してきた。その結果、悲惨な「水俣病」を発生させ、人間破壊をもたらした事実を率直に認める。

二、昭和三一年の水俣病公式発見後も、被害の拡大防止、原因究明、被害者救済等々、充分な対策を行わなかったため、いよいよ被害を拡大させることとなったこと、及び原因物質が確認されるに至っても、更に問題が社会化するに及んでも、解決に遺憾な態度をとってきた経過について、チッソ株式会社は心から反省する。

三、貧窮にあえぐ患者及びその家族の水俣病に罹患したこと自体による苦しみ、チッソ株式会社の態度による苦痛、加えて、数々の屈辱、地域社会からの差別等により受けた苦しみに対して、チッソ株式会社は心から謝罪する。

四、熊本地方裁判所は、水俣病はチッソ株式会社の工場排水に起因したものであり、かつ、チッソ株式会社に過失責任ありとして原告の請求を全面的に認める判決を行なった。チッソ株式会社は、この判決に全面的に服し、その内容のすべてを誠実に履行する。

五、見舞金契約の締結等により水俣病が終わったとされてからは、チッソ株式会社は水俣市とその周辺はもとより、不知火海全域に患者がいることを確認せず、患者の発見のための努力を怠り、現在に至るも水俣病の被害の深さ、広さは究めつくされていないという事態をもたらした。チッソ株式会社は、これら潜在患者に対する責任を痛感し、これら患者の発見に努め、患者の救済に全力をあげることを約束する。

六、チッソ株式会社は、過ちを再びくりかえさないため、今後、公害を絶対に発生させないことを確約するとともに、関係資料等の提示を行い、住民の不安を常に解消する。現在汚染されている水俣周辺海域の浄化対策について、関係官庁、地方自治体とともに、具体的方策の早期実現に努める。また、チッソ株式会社は、関係地方公共団体と公害防止協定を早急に締結する。

七、チッソ株式会社は、水俣病患者の治療及び訓練、社会復帰、職業あっせんその他の患者、家族の福祉の増進について実情に即した具体的方策を誠意を持って早急に講ずる。

八、チッソ株式会社は、水俣病患者東京本社交渉団と交渉を続けてきたが、事態を紛糾せしめ、今日まで解決が遅延したことについて患者に遺憾の意を評する。

〈本文〉

一、チッソ株式会社は、以上前文の事柄を踏まえ、以下の事項を確約する。

1. 本協定書の履行を通じ、全患者の過去、現在及び将来にわたる被害を償い続け、将来の健康と生活を保障することにつき最善の努力を払う。

2. 今後いっさい水域及び環境を汚染しない。また、過去の汚染については責任を持って浄化する。

3. 昭和四八年三月二二日、水俣病患者東京本社交渉団ととりかわした誓約書は忠実に履行する。

二、チッソ株式会社は、以上の確約にのっとり以下の協定内容について誠実に履行する。

三、本協定内容は、協定締結以降認定された患者についても希望する者には適用する。

四、以下の協定内容の範囲外の事態が生じた場合は、あらためて交渉するものとする。

五、水俣病患者東京本社交渉団は、本協定の締結と同時に、チッソ東京本社前及び水俣工場前のテントを撤去し、坐り込みをとく。

〈協定内容〉

チッソ株式会社は患者に対し、次の協定事項を実施する。

一、患者本人および近親者の慰謝料

1. 患者本人分位は次の区分の額を支払う。

現在までの水俣病による（その余病若しくは併発病または水俣病に関連した事故による場合を含む）

死亡者およびAランク　一八〇〇万円

Bランク　一七〇〇万円

Cランク　一六〇〇万円

2．この慰謝料には認定の効力発生日（昭和四四年七月四日以前に認定を受け、また認定の申請をした者については同日）より支払日までの期間について年五分の利子を加える。

3．このランク付けは、環境庁長官及び熊本県知事が協議して選定した委員により構成される委員会の定めるところによる。

4．近親者分は前記死亡者及びA、Bランクの患者の近親者を対象として支払う。近親者の範囲及びその受くべき金額は昭和四八年三月二〇日の熊本地裁判決にならい3の委員会が決定するものとする。

二、治療費

公害に係る健康被害の救済に関する特別措置法（以下「救済法」という。）に定める医療費及び医療手当（公害健康被害補償法が成立施行された場合は、当該制度における前記医療費及び医療手当に相当する給付の額）に相当する額を支払う。

三、介護費

救済法に定める介護手当（公害健康被害補償法が成立施行された場合は、当該制度における前記介護手当に相当する給付の額）に相当する額を支払う。なお、同法が実施に移されるまでの間は救済法に基づく介護手当に月1万円の加算を行う。

四、終身特別調整手当

1．次の手当の額を支払う。なお、このランク付けは一の3の委員会の定めるところによる。

Aランク　一月あたり六万円

Bランク　三万円

Cランク　二万円

2．実施時期は昭和四八年四月二七日を起点として毎月支払う。ただし、昭和四六年月以前の認定患者は昭和四八年四月一日を起点とし、また、昭和四八年四月二八日以降の認定患者は認定日を起点とする。

3．手当の額の改定は、物価変動に応じて昭和四八年六月一日から起算して二年目ごとに改定する。ただし、その間、物価変動が著しい場合にあっては一年目に改定する。物価変動は熊本市年度消費者物価指数による。

五、葬祭料

1．葬祭料の額は生存者死亡のとき相続人に対し、金二〇万円を一時金として支払う。

2．葬祭料の額は物価変動に応じ、昭和四八年六月一日から起算して二年目ごとに改定する。ただし、その間、物価変動が著しい場合にあっては、一年目に改定する。物価変動は、熊本市年度消費者物価指数による。

六、ランク付けの変更

1．生存患者の症状に上位のランクに該当するような変化が生じたときは一の3の委員会にランク付けの変更の申請することができる。

2．ランクが変更された場合、慰謝料の本人分及び近親者並びに終身特別調整手当の差額を申請時から支払う。ただし、近親者分慰謝料については一の4にならい前記委員会が決定する。

3．水俣病により（その余病若しくは併発病又は水俣病に関係した事故による場合を含む）死亡したときは、慰謝料の本人分及び近親者分の差額を支払う。この場合、死因の判定その他必要な事項は前記委員会が決定する。

七、患者医療生活保障基金の設定

チッソ株式会社は全患者を対象として患者の医療生活保障のための基金三億を設定する。

1. 基金の運営は熊本県知事、水俣市長、患者代用及びチッソ株式会社代表者で構成する運営委員会により行なう。同委員会の委員長は熊本県知事とする。

2. 基金の管理は日本赤十字社に委託する。

3. 基金の果実は次の費用に充てる。

（1）おむつ手当　一人月一万円　（2）介添手当　一人月一万円　（3）患者死亡の場合の香典　一〇万円　（4）胎児性患者修学援助費、患者の健康維持のための温泉治療、マッサージ治療費、通院のための交通費　（5）その他必要な費用

4. 患者の増加等により基金に不足を生じたときは、運営委員長の申出により基金を増額する。

本協定成立の証として本書を七通を作成し、両当事者ならびに立会人は、その一通を保有する。

水俣病患者東京本社交渉団団長　田上義春
チッソ株式会社取締役社長　島田賢一
専務取締役　野口朗
立会人　衆議院議員　三木武夫
衆議院議員　馬場昇
熊本県知事　沢田一精
水俣病市民会議会長　日吉フミコ

「細目協定書」

水俣病患者東京本社交渉団とチッソ株式会社とは、昭和四八年七月九日付をもって締結された協定書の協定事項の実施に関し必要な細目について、次のとおり協定する。

一　物価変動の著しい場合の取扱いについて

協定書四の三及び五の二のただし書の運用については、毎年六月一日において、前年度物価指数が前々年度物価指数に比べて五％を上廻った場合においては、このただし書の規定による一年目の改定を行うものとする。

二　委員会の設置運営に要する費用について

協定書一の三による委員会の設置運営に要する費用については、チッソ株式会社が負担するものとする。

水俣病患者東京本社交渉団団長　田上義春
チッソ株式会社取締役社長　島田賢一
専務取締役　野口朗
立会人　衆議院議員　三木武夫
衆議院議員　馬場昇
熊本県知事　沢田一精
水俣病市民会議会長　日吉フミコ

（出典・川本、二〇〇六：六一六～六二二）

D──補償協定に基づく給付内容（二〇一七年六月一日現在）

●医療補償

治療	医療費（全額負担、ただし妊娠、歯科、第三者災害は除く） 鍼灸治療費（回数、金額に制限なし） マッサージ治療費（一回一〇〇〇円、年二五回以内）
治療以外	通院交通費一〇キロ未満二七〇円、二〇キロ未満四〇〇円、二〇キロ以上六〇〇円 通院手当月額二万一〇〇〇円（一～七日）または二万三四〇〇円（八日以上） 介護手当
その他	生活用具のうち、ベッドや手すりなどについて、交渉によってチッソが負担している場合がある。
給付負担者	チッソ

給付形態	医療機関に水俣病患者手帳を提示し、患者は支払い不要。医療機関がチッソに請求する。公害医療であり、一般の二〇％増額

● **生活補償（医療保障以外の補償等）**

慰謝料	Aランク一八〇〇万円　Bランク一七〇〇万円　Cランク一六〇〇万円の一時金
特別調整手当（年金月額）	Aランク一七万七〇〇〇円　Bランク九万五〇〇〇円　Cランク七万一〇〇〇円
その他	胎児性患者就学援助費　小学生五万三〇〇〇円　中学生七万四一〇〇円
負担者	チッソ

＊これらは収入認定されない（利子は除く）。その他給付と併用可能。

● **その他の補償等**

入院手当	二万三四〇〇円～三万三五〇〇円
介護費	四万四九〇〇円
温泉治療	四万九二〇〇円～六万五六〇〇円（年間利用券）
負担者	チッソ
葬祭料	認定患者死亡時香典一〇万円＋葬祭料五三・三万円。直接の死因を問わない。

● 葬祭料・遺族補償

遺族補償	なし。認定申請は生存者を前提としているため。なお、第一次訴訟では脂肪家族の慰謝料が認められている（一八〇〇万円）。
負担者	チッソ
運営組織	患者医療生活基金（拠出金三億円〔現在七億〕、管理は日本赤十字社）

● 基金による補償（上述の補償のいくつかは基金から支払われる）

給付内容	おむつ手当一人月一万円 介添え手当一人月一万円 患者死亡の場合の香典一〇万円 胎児性患者就学援助費、温泉治療費、マッサージ治療、通院交通費 その他必要な費用

〈出典・公害薬害職業病補償研究会、二〇〇九：一一〜一四。チッソHP「補償協定の概要（二〇一七年六月一日現在）」〈http://www.chisso.co.jp/minamata/torikumi.html〉二〇一七年一一月二一日取得）。

第二次政治解決	新保健手帳
2010年5月～ 2012年7月	2005年～ 2010年7月
通常起こり得る程度を超えるメチル水銀の曝露を受けた可能性のある者(5)	最高裁判決を受けて総合対策医療事業を拡充して再開
被害者手帳	新保健手帳
210万円	なし
医療費（保健適用分）及び介護費（医療系サービス）の自己負担分	医療費（保健適用分）及び介護費（医療系サービス）の自己負担分　*給付上限額撤廃
入院　17,700円/月 通院（月1回以上） 70歳以上15,900円/月 70歳未満12,900円/月	なし
鍼灸・温泉治療費 合計で7,500円/月	鍼灸・温泉治療費 合計で7,500円/月
一時金　チッソ（国の融資のもとチッソ支払） 医療費等　国・県	国・県
「被害者」判定(6) 32,244人 被害者手帳のみ（新規・切替合計）　22,866人	29,209人

をさす。
れた。
国（一般会計から熊本県に対して補助）、15％が県債により
返済が免除されたので、チッソは県債によって調達された額

在は存在しない。保健手帳所持者が被害者手帳への切り替え
いた。
とは、熊本県及び鹿児島県においては1968年12月31日以前
類を多食した者、あるいはそうでない場合でも多食したこと
る者、これに当たらない者であっても（イ）全身性の感覚障
象となる。
受給対象者を意味している。なお、チッソへの遠慮などで約

「水俣病患者補償」〈http://www.soshi sha.org/jp/abo ut_

名称	第一次政治解決	
実施年（受付窓口）	1996年1月～7月	
交付対象者	四肢末梢優位の感覚障害(1)を有する者	一定の神経症状を有する者
手帳名	医療手帳	保健手帳(4)
一時金	260万円(2)	なし
医療費	医療費（保健適用分）及び介護費（医療系サービス）の自己負担分	医療費（保健適用分）及び介護費（医療系サービス）の自己負担分　＊給付上限額あり
療養手当	入院　23,500円/月 通院（月1回以上） 70歳以上　21,200円/月 70歳未満　17,200円/月	なし
その他	鍼灸・温泉治療費 合計で7,500円/月	鍼灸・温泉治療費 合計で7,500円/月
負担者	一時金　チッソ(3) 医療費等　国・県	国・県
対象者数（含新潟）	11,152人	1,224人

(1) 両手首、両足首より先端（手袋靴下型）に強く現れるしびれなどの症状
(2) これに加えて5つの被害者団体に対して団体加算金（計49億）が支払わ
(3) チッソ負担とあるが、一時金・団体加算金の費用負担は、総額の85%が
調達されている。なお、85%相当の国庫補助額については2000年に国から
を返済することになる（除本、2007：73～74）。
(4) 特措法の執行に伴い、保健手帳は平成24年3月31日で失効したため、現
を行った際、一時金を申請して受け取った人もいれば、そうではない人も
(5) 通常起こりえる程度を超えるメチル水銀の曝露を受けた可能性がある者
に対象地域に相当の期間居住したため、水俣湾またはその周辺水域の魚介
が認められるものをさす。そのうえで、（ア）四肢末梢の感覚障害を有す
害を有する者その他の四肢末梢優位の感覚障害を有する者に準ずる者が対
(6) 特措法では救済対象者を「水俣病被害者」と規定した。ここでは一時金
300人が受給を辞退した。また、司法和解による解決者数は含めていない。
（出典・公害薬害職業病補償研究会、2009／2015、除本、2007。相思社HP
md/水俣病患者補償〉(2017年10月11日取得)

F――一九七七（昭和五二）年での〈後天性水俣病の判断条件〉

一九七七年七月一日

「後天性水俣病の判断条件について」

環保業第二六二号

関係都道府県知事・政令市市長宛　環境庁企画調整局環境保健部長通知

近年、水俣病の認定申請者の症候につき水俣病の判断が困難である事例が増加してきたこともあって、当庁においては、医学的知見の進展を踏まえ、昭和五六年六月以降医学の関係各分野の専門家による検討を進めてきたところであり、今般、その成果を左記のとおり後天性水俣病の判断条件としてとりまとめたので、了知のうえ今後の認定業務の推進にあたり参考とされたい。

記

一、水俣病は、魚介類に蓄積された有機水銀を経口摂取することにより起る神経系疾患であって、次のような症候を呈するものであること。
四肢末端の感覚障害に始まり、運動失調、平行機能障害、求心性視野狭窄、歩行障害、構音障害、筋力低下、振戦、眼球運動異常、聴力障害などをきたすこと。また、味覚障害、嗅覚障害、精神症状などをきたす例もあること。

これらの症候と水俣病との関連を検討するに当たって考慮すべき事項は次のとおりであること。
（1）水俣病にみられる症候の組み合わせの中に共通してみられる症候は、四肢末端ほど強い両側性感覚障害であり、時に口のまわりまでも出現するものであること。
（2）（1）の感覚障害に合わせてよくみられる症候は、主として小脳性と考えられる運動失調であること。また小脳、脳幹障害によると考えられる平行機能障害も多くみられる症候と考えられること。
（3）両側性の求心性視野狭窄は、比較的重要な症候と考えられること。
（4）歩行障害及び構音障害は、水俣病による場合には小脳障害を示す症候を伴うものであること。
（5）筋力低下、振戦、眼球の滑動性追従運動異常、中枢性聴力障害、精神症状などの症候は、（1）の症候及び（2）又は（3）の症候がみられる場合にはそれらの症候と合わせて考慮される症候であること。
二、一に掲げた症候は、それぞれ単独では一般に非特異的であると考えられるので、水俣病であることを判断するに当たっては、高度の学識と豊富な経験に基づき総合的に検討する必要があるが、次の（1）に掲げる曝露歴を有する者であって、次の（2）に掲げる症候の組合わせのあるものについては、通常、その者の症候は、水俣病の範囲に含めて考えられるものであること。
（1）魚介類に蓄積された有機水銀に対する曝露歴

なお、認定申請者の有機水銀に対する曝露状況を判断するに当たっては、次のアからエまでの事項に留意すること。

ア　体内の有機水銀濃度（汚染当時の頭髪、血液、尿、臍帯などにおける濃度）

イ　有機水銀に汚染された魚介類の摂取状況（魚介類の種類、量、摂取時期など）

ウ　居住歴、家族歴及び職業歴

エ　発病の時期及び経過

（2）次のいずれかに該当する症候の組合わせ

ア　感覚障害があり、かつ、運動失調が認められること。

イ　感覚障害があり、運動失調が疑われ、かつ、平衡機能障害あるいは両側性の求心性視野狭窄が認められること。

ウ　感覚障害があり、両側性の求心性視野狭窄が認められ、かつ、中枢性障害を示す他の眼科又は耳鼻科の症候が認められること。

エ　感覚障害があり、運動失調が疑われ、かつ、その他の症候の組合せがあることから、有機水銀の影響によるものと判断される場合であること。

三、他疾患との鑑別を行うに当たっては、認定申請者に他疾患の症候のほかに水俣病にみられる症候の組合せが認められる場合は、水俣病と判断することが妥当であること。また、認定申請者の症候が他疾患によるものと医学的に判断される場合には、水俣病の範囲に含まないものであること。なお、認定申請者の症候が他疾患の症候でもあり、また、水俣病にみられる症候の組合せと一致する場合は、個々の事例について曝露状況などを慎重に検討のうえ判断すべきであること。

四、認定申請後、審査に必要な検査が未了のうちに死亡し、剖検も実施されなかった場合などは、水俣病であるか否かの判断が困難であるが、それらの場合も曝露状況、既往歴、現疾患の経過及びその他の臨床医学的知見についての資料を広く集めることとし、総合的な判断を行うこと。

（出典・川本、二〇〇六：六三六～六三九）

G――胎児性患者たちの主張

1 「仕事ばよこせ！　人間として生きる道ばつくれ!!」

一九七五年五月

おら殺された方がよかった。むかし、おふくろがいったことが、いまわかった。こんなことになるんなら、一家心中していたほうがよかった。中学のころ、おふくろが泣きながら話していたのがようやくわかってきた。一家心中していたら、こんな苦しみはなかったろう。

この年になって、女ともだちひとりできん。車もバイクもめんきょ取れない。試験うけても字がよめない。

商売はじめようおもたばってん、計算もでけないで金もうけでくるか。赤字つづきの店ばだれがだしきるか力仕事も長うはつづかん。水俣病ば、よそん会社がやといきるか。それでおれは、まいにち喰っちゃ寝、喰っちゃ寝の毎日だ。

働けないのに生きてゆかなくてはならないつらさは、働いて仕事してゆくときの苦しみより、ずっと苦しいんだよ。働けないことがよけい病気を悪くしてしまうんだ。それは自分でもようわかっとるばってん、今おれどこで働けばいいの？　金もらって幸せだといってもらいたくないよ。遊どって暮しとって良かねち、いってもらいたくないよ。水俣病ば治せて会社に要求してもかいがないから、しかたなしに金もらったんじゃないか。しかたなしに……。

世の中すべて金じゃないよ。金で人間の命買えるわけないじゃないか。間違ってるよ、会社は。金よか、身体が欲しい。元気な身体が、ピンピンした身体がね。人の一生ば金ですまそうとおもっとっとかあ、会社は？狂ってるよ会社は。気狂いだよ。

人から冷たい目で見られるのは、もうイヤだよ。耐えられないよ。好きで水俣病になったわけじゃないんだ、おれたちは。隠れようおもても隠れようがないんだ、おれたちは。仕事さえしていたら、なんて言われたって仕事してるんだ、一人前なんだって言える。仕事ばみつけろ！このまんま、なあんもせんで死んで終るのはイヤだあ。仕事ばよこせえ、会社は！

おもいきって仕事ばして、嫁さんもろて子供ばそだててゆくとが人間。人間としての道が踏めんじゃないかあ、おれたちは。仕事ひとつしきらん男んとこに、だるが嫁さんになってきてくるるか。同じ年で恋人もって嫁さんもって、みんな二人ずつ生活してゆくじゃないか。おれたちだけが一人。いっつも一人でおらんばならんじゃないかあ。会社ん社長も一人になってみろ。誰からも見むきもされんでな。世の中一人で生きてゆけーおれたちんごて。おれの気持ちがわかるか。〝なんば考えとっとかさっぱりわからん、あんバカが！〟てそげん言われてもおら笑っていっちょく。目の前じゃニコニコ笑ってるばってんが、裏ではおれは自分のこと泣きおっと。晩がくるたんびに床の中で泣きおっと。死んだほうがよかった。死のうかて思うばってん、なんべんおもうばってんか、自殺してもちょっと恐いし、ナイフで刺しても恐いしね。なかなか死ねないわ。

おらおもう、クソっち。こんな身体にね、人間にさせられちまってね。なんも出来ないで死ぬなんて、おれ絶対にイヤなんだ。いくらなんでもイヤだって。人間に生まれてきたかぎりは、せいいっぱい生きたいわ。患者である前に、おれたちは人間なんだぞ。

おれたちが黙って泣いとるのをいいことにして、会社は若い患者のことはうっちょいてきたろが。知らんぷりして、おれのこと、しのぶのこと、みかずのこと、おれたちみんなのくるしみば、ごまかしてきたろが。許せんぞ、そげんこつは。しのぶはなあ、町におりてゆくたんびに、会社みるたんびに、口惜しゆうして、口惜しゅうしてならんて言うとるが、しのぶだけじゃなか。みんなそげんおもて会社ん前ば通っとぞ。毎日毎日会社が無事にすんでゆくちゃおもうなよ。

夜の来っとがイヤ、昼の来っとがイヤ、明日の来っとがまたイヤち泣いとる若い衆のどしこおるか会社は知っとるかあ。ぜんぶ悪かこつは会社から出とるじゃないか。おまえらの水銀たれながしで、日本中の、世界中のち大騒動じゃが。

責任ばとれえ！

仕事ばよこせ！仕事ばよこせえ!!

おれたちの人間として生きてゆく道ばつくれえ！

いいかチッソ、人殺しの責任と、おれたちの生きとっても殺されとる「人間」ちゅうもんば、改めてのしば

つけてかえしてもらおうわい!!（栄一話す）

一九七五年五月

「若い患者の集まり」

江郷下美一（二七）

渡辺栄一（二三）

三田村猛司（二〇）

坂本しのぶ（一八）

2 「申入書」

チッソ株式会社社長　島田賢一殿

一九七七年一月一四日

「若い患者の集り」代表　江郷下美一

私達は、水俣病発生以来二〇数年間、企業チッソの繁栄の犠牲の下に生きることを余儀なくされてきた。年月は容赦なく流れてゆき、また今年も一〇名の胎児性水俣病患者が成人式を迎える。しかし、若い患者にとっては「晴れの成人式」であるべき日も、なんの将来に対する希望もなく、真ッ黒スミのまま迎えるのである。

若い水俣病患者にとっては何もない。補償では何も救われていない。私達が一人前となれるよう仕事がしたい。異性を求める年頃になって、恋をして、結婚したい、と思っても「その身体でおって……、水俣病でおって……。」と他人には笑われるだけである。

血肉をわけた親・兄弟にさえこの残念なおもいはわかってもらえぬであろう。いったい誰に、この問題をぶつければいいのであろうか。どうやって生きる道をみつければいいのであろうか。金でこのことは治まらないのである。

この苦境を、一体会社はどのようにわかろうとしているのか。海に毒を流し、数多の生命を殺傷してから今日迄、三十数年の間に、会社はこの問題を真剣に考えたことがあるのか。

この問題を看過ごしてゆくことは、道義的にも社会的にも断じて許されるべきではない。金でことは終わらないのである。

私達はそこを、会社にも、水俣市民にも、日本国中の人々に考えて欲しいと願って、ここに立ち上ることを宣言しチッソ株式会社に対し、次のことを申し入れたい。

すなわち、会社は、今後この問題にどう取り組んでいこうと考えているのか、また「協定書」前文第七項を、単なる飾りとしておくのではなく、その実現のためいかに努力せんとしているのか、明確に返答せよ。

今後、この問題に関する一切の交渉に応ずることを約束せよ。

3　「成人式を迎える若い市民の皆さんへ」

一九七七年一月一五日

私は水俣病の患者です。六才の頃に発病してから今まで約二〇数年がたちました。

四年前、裁判闘争で判決が出てから補償金をもらいましたが、これで済んだとは思っていません。

なぜなら若い患者の問題が一つも解決していないからです。

今日の成人式も、これを迎える者は認定されている者だけで一〇人いますが、生きている意識のない者や、身体の不自由な者、等、一人前に生活できる者は誰もいません。家や明水園という施設の中で、毎日を暮らしているのです。今更なってから、成人式に対して何かやるといっても遅い、と私は思う。

これから、若い患者たちは大人になってゆく訳ですが、それを考えて、親なら会社に仕事を与えろとか訴えて駄目ならば市に訴えるとかして取り組んでいかなければ、彼らの人生もうかばれないでしょう。私は五年間余、彼らをこの目でみてきて、彼らの気持が一番、うかんできます。これからも一緒に協力して考えていきたいと思っています。

お金はもらったけれども、若い人は何も救われていません。

成人式をされる皆さんも、もう一度、水俣市におる人間は、患者さんと一緒にこの問題を考えてくれないでしょうか、力をかしてくれないでしょうか。

皆さんも患者さんも、結局、同じ住所に済んでいるのですから、いつ、この病気がおこるかもしれません。

その覚悟も、皆さんも必要ではないでしょうか。

一九七七年一月一五日

若い患者の集まり

（出典・『季刊　不知火――いま水俣は』第六号、季刊不知火編集室、一九七七・三、一一二～一一三）

4　「環境庁長官　石原慎太郎殿」

あなたは、私たち若い患者に、あいたいそうだが、今あうべきではない。

どういうことに、ぐたいてき、今、はいっているかとゆうと、若い患者としては、今やることは、ふくざつでもんだいてんが多い。

今、長官に会っても、若い人たちのやりたいことは、出らせん。これから若い患者が見つけて、ゆく。何が具体的に患者に合うかということをこのめで、たしかめてみないことには、できん。

思っていることは、自分の手でひとつひとつかいけつをつかんでゆきたい。

若い人をとってみれば、一人、一人ずつかんがえてこれがいいな、ということを一人でやっていかない以上は、せけんの人にもみんなでやっていくとゆうことは、とってもかんがえきらん。

何かいいちえ、あんがあったら、いっしょにかんがえてゆきたい。

水俣病は、金でいちおうけりは、ついたということになってるが、若い人は、金でかいけつしてない。若い人は、これからよめさんやむこさんもらうとか、もらえんということにあって、子どもも、つれてせいかつに苦しむ。

長官に会っても、それをぶつけても、なにもかいけつせん。それを話して長官が「はい、さよか」ときいても、長官は、こっちにいないし、水俣のこと、水俣の家庭のことを何もわかってくれん。

若い人が長官と会っても、いくら会ったところで若い人たちのきもちを、そこまでは、みきらんだろう。今、会うても、なんもならんじゃないだろうか。

そして、あなたは、しんしょうしゃの、のうせいマヒのひとたちより、たいじせい患者を、ゆうせんてきに、きゅうさいする……と発言しているが、そうかんがえるのは、まちがっている。

切りはなしたところで別に、あげんしない。どちらも苦しい。

私たちは、あっちこっちのしせつを回ってきた。同じ人間で苦しんできて話にならないということが多かった。これからなにしていったらいいのか。あっちも苦しいし、こっちも苦しい。それを、どうこう言って、長官などと会ってもかわりない。苦しみをかためていった中で、はきだしていくのが道だと思う。いっしょにはなしあっていかないとできない。

よくなるほしょうも、くすりもない。苦しんでこそ、どっちも、苦しんで苦しんでおたがい道をつなげていくことがだいじだと思う。

今ごろになって、きゅうさいするとかいうな。するならももっと、早くからなすべきだった。

われわれは、金ほしさで何やかやろうとしているのじゃない。さいばんしたのも、チッソがわっるかことしたけん、それを国にも、みとめてもらおうと思ってしたことじゃ。さいばんで、はんけつがでたのに、国は、何もせんだったじゃないか。水俣病を、もうおこさせないように国にしてもらうためにしたっじゃないか。

なんで今さら環境庁が出てくっとか。もっと早く水俣病患者の、がわに立ってチッソに手打つべきじゃなかったか。

そのせきにんをはたせ！

その上で言うことを言え！

はたちになって、せいじんしきにびらをくばった。

みなまたには、たいじせいのこどもがたくさんいる。いちにちもはやくその人たちをにんていしてほしい。

しごとをわたしは、したいとおもうけど、わたしにあうしごとは、ない。かいしゃにようきゅうしたが、かいしゃは、わたしたちの、ことをなにもかんがえてない。なぜか、かんがえてみろ。

とうきょうにかえってからもういっぺんかんがえなおしてみろ。

いしはらは、いばっとる。じぶんがあいたいというのなら、それなりのてつづきをふめ。

昭和五二年四月二二日

江郷下　美一
渡辺　栄一
坂本　しのぶ

（出典・『季刊　不知火――いま水俣は』第七号、季刊不知火編集室、一九七八：一〇～一一）

H―二〇〇五（平成一七）年「今後の水俣病対策について」

水俣病問題については、公害健康被害の補償等に関する法律（以下「公健法」という。）、平成七年の政治解決等に基づき各種対策が講じられてきたところであるが、昨年一〇月の関西訴訟最高裁判決において国及び熊本県の責任が認められたことを受け、規制権限の不行使により水俣病の拡大を防止できなかったことを真摯に反省し、国として、ここにすべての水俣病被害者に対し謝罪の意を表する。

平成一八年に水俣病公式確認から五〇年という節目の年を迎えるに当たり、平成七年の政治解決や今般の最高裁判決も踏まえ、医療対策等の一層の充実や水俣病発生地域の再生・融和（もやい直し）の促進等を行い、すべての水俣病被害者の方々が地域社会の中で安心して暮らしていけるようにするため、関係地方公共団体と協力して以下の対策を講ずるものとする。

1 判決確定原告に対する医療費の支給

関西訴訟及び熊本水俣病第二次訴訟において損害賠償認容判決が確定した原告に対して、医療費（自己負担文）等の支給を行う。

2 総合対策医療事業の拡充

政治解決に基づき関係県と協力して環境保健行政の推進という観点から実施してきた総合対策医療事業について、高齢化の進展やこれまでの事業の実施上で明らかとなってきた課題等を踏まえ、以下のとおり拡充する。

［一］　保健手帳

医療費（自己負担分）について、1ヶ月の給付上限額を廃止する。また、はり・きゅう施術費及び温泉療養費について、利用回数制限（月五回）及び一回当たりの給付上限額（はり又はきゅう1回一五〇〇円など）を廃止する。

あわせて、公健法の認定申請や裁判とは別の救済を図る道として、拡充後の保健手帳の申請受付を再開する。

［二］　医療手帳

医療手帳について、通院日数月二日以上となっている療養手当の支給要件を月一日以上に緩和する。はり・きゅう施術費の利用回数制限（月五回）及び1回当たりの給付上限額（はり又はきゅう1回一五〇〇円など）を廃止するとともに、温泉療養費を支給対象として追加する(1)。

3　水俣病問題に関する今後の取組

最高裁判決を重く受け止め、来年の水俣病公式確認五〇年に向けて、水俣病被害者の団体及び市町村からのヒアリングの結果等も踏まえ、関係地方公共団体との連携を図りつつ、例えば以下のような施策の実施について検討する。

［一］　高齢化対応のための保健福祉の充実

水俣病被害者やその家族の高齢化に対応するため、介護予防の観点も含めた健康管理事業の充実といった施策の充実等。

［二］　水俣病被害者に対する社会活動支援等

胎児性患者や水俣病被害者の生活改善・社会活動の促進を図るため、それらに関連する活動や事業に対する支援、それらを行うボランティア団体等への支援、国立水俣病研究センターによる胎児性水俣病に関する社会的研究といった施策の実施等。

〔三〕　水俣病被害者の慰謝対策

すべての水俣病被害者を対象としたメモリアル事業等の、被害者に対して慰謝の気持ちを表す施策や水俣病発生地域の融和を図る施策の実施等。

〔四〕　環境保全の観点等からの地域の再生・振興対策

水俣病に関係する地点を活用し、水俣地域全体をフィールドミュージアム化する等、地域の再生・振興にも寄与する施策の実施。

〔五〕　関係団体と連携及び国内外への情報発信の強化

国立水俣病研究センター及び情報センターの活用等により、関係団体との連携や水俣病に関する調査・研究及び情報の収集・保存、国内外への発信や国際協力を強化するための施策の実施等。

＊注（1）　総合対策医療事業の拡充内容

〔現行制度〕		〔拡充後〕
医療手帳		
《医療費》自己負担分		《医療費》自己負担分
はり・きゅう施術費		はり・きゅう施術費
上限　月七五〇〇円	**月五回**	上限　月七五〇〇円
はり又はきゅう	**一回一五〇〇円**	**回数制限廃止**
はり・きゅう併用	**一回二〇〇〇円**	**一回当たりの上限撤廃**

療養手当
入院　月二万三五〇〇円
外来通院　**月二日以上**
七〇歳以上　月二万一二〇〇円
七〇歳未満　月一万七二〇〇円

保健手帳
はり・きゅう施術費、温泉治療費、
医療費（自己負担分）
　上限 月七五〇〇円
月五回
はり又はきゅう　**一回一五〇〇円**
はり・きゅう併用　**一回二〇〇〇円**
医療費（通院）**一回一五〇〇円**
　　　（入院）**一回二〇〇〇円**
温泉治療費　**一回一〇〇〇円**

温泉療養費の追加
入院　月二万三五〇〇円
外来通院　**月一日以上**
七〇歳以上　月二万一二〇〇円
七〇歳未満　月一万七二〇〇円
医療費（自己負担分）**全額支給**
はり・きゅう施術費、温泉治療費
　上限月七五〇〇円
回数制限廃止
一回当たりの上限廃止
※新規保健手帳交付者には拡充後の保健手帳による交付を行う。
（出典・環境省「今後の水俣病対策について」〈https://www.env.go.jp/chemi/minamata/tai-saku050407.html〉二〇一七年一一月一六日取得）

Ⅰ――胎児性・小児性水俣病患者等に係る地域生活支援事業の概要

1 「胎児性・小児性水俣病患者に係る地域生活支援事業補助金交付要項（平成二七年度版）」

熊本県環境生活部水俣病保健課

第1条　趣旨

知事は、胎児性・小児性水俣病患者等の地域における安心した日常生活の確保または胎児性・小児性水俣病患者等の地域における社会参加や社会活動の促進を支援するため、予算の範囲内において補助金を交付する。その交付については、熊本県補助金等交付規則（昭和五六年熊本県規則第三四号）に定めるもののほか、この要項に定めるところによる。

第2条　定義

胎児性・小児性水俣病患者等とは、障害者総合支援法もしくは介護保険法（以下、障害者総合支援法等という。）によるサービスを受けることができない者、または、障害者総合支援法等によるサービスを受けていてもそれらのサービス以外のサービスを受ける必要があると認められている者、およびそれらの患者の家族、主な介護者とする。

第3条　補助対象期間

補助金の対象となる期間は、当該年度の四月一日から三月三一日までの期間とする。

第4条　補助対象事業

胎児性・小児性患者等の地域における安心した日常生活の確保、または地域における社会参加の促進を図ることを目的とした事業で、次のいずれかに該当するもの。

(1)　胎児性・小児性患者等の地域における安心した日常生活の確保、または地域における社会参加の促進に貢献する事業。具体的には以下に挙げる項目を指す（以下「サービス提供事業」という。）。事業項目と補助金額については表1を参照のこと。

(2)　上記の事業を実施するために必要な施設の改築、修繕および備品購入。

(3)　住まいの場または日中活動の場等を提供する事業（以下「施設運営事業」という。）。事業項目と補助金額については表2を参照のこと。

(4)　施設運営事業を実施するために必要な施設の新築、増築および備品購入。

(5)　平成二一年度水俣病患者施設医療福祉機能向上支援事業により整備した施設において行う、胎児性・小児性水俣病患者等の日常生活を支援する活動（以下、「家族棟運営事業」という。）。事業項目と補助金額については表3を参照のこと(1)。

(6)　上記家族等運営事業を実施するために必要な施設の改築、修繕および備品購入。

第5条　補助対象者

市町村または社会福祉法人、公益法人、ＮＰＯ法人などの非営利団体で次の条件を全て満たすもの。

①　県内に事務所を置き、県内を中心に活動していること。

②　団体の定款、規約等を有すること。

③　補助対象となる事業を着実に実行する事務および組織体制があること。

④団体の活動歴が原則六か月以上あること。（以下略）

表１　施設運営事業に要する費用の補助基準額

事業項目	補助基準額（１人１日当たり）
訪問型サービス	
〈居宅介護・家事援助等〉	
日中	2430円
夜間（18:00～22:00）	2160円
〈身体介護〉	
日中	5220円
夜間（18:00～22:00）	4500円
深夜・早朝（22:00～8:00）	5400円
〈行動援護〉	
１日につき１ヶ所まで	2250円
１日につき２ヶ所まで	3510円
配食	540円
日中活動系サービス	
生活介護	9090円
自立訓練	6930円
就労移行支援	7470円
就労継続支援	4770円
短期入所	10440円
日中一時支援	3330円
生きがいづくり	6930円
交流サロン＊	
市内	3万円×実施回数（上限150万円）
市外	15万円×実施回数（上限30万円）
居住系サービス	
施設入所支援（夜間の介護等）	3330円
共同生活援助（グループホーム）	1800円
共同生活介護（ケアホーム）	6600円

表２　サービス提供事業の項目と補助金額

事業項目	補助金額（１人１日当たり）
生きがいづくり	6930円
外出支援	
１日につき１ヶ所まで	2250円
１日につき２ヶ所まで	3510円
交流サロン＊	
市内	3万円×実施回数（上限150万円）
市外	15万円×実施回数（上限30万円）
在宅支援訪問	
〈家事援助等〉	
日中	2430円
夜間（18:00～22:00）	2160円
〈身体介護〉	
日中	5220円
夜間（18:00～22:00）	4500円
深夜・早朝（22:00～8:00）	5400円
配食	540円
日中一時支援	3330円

表３　家族棟運営事業に要する費用の補助基準額

事業項目	補助基準額（１人１日当たり）
家族棟運営事業	21600円

注・＊１回当たりの金額。

＊注（１）熊本県は、平成二三（二〇一一）年八月、胎児性・小児性水俣病患者が家族と一緒に滞在できる入居施設「ぬくもりの家 潮風」を二〇一一年八月に完成させた。これは水俣病患者の入居施設である水俣市立明水園に併設されている。

2 「胎児性・小児性水俣病患者に係る地域生活支援事業補助金交付要領」

1 趣旨

この要領は、胎児性・小児性水俣病患者に係る地域生活支援事業補助金交付要項の施行に関し、必要な事項を定める。

2 対象となる事業

(1) 「サービス提供事業」は、次の事業とする。

ア．生きがいづくり：学習の場や趣味の場、作業の場などの提供

※原則として、参加者のうち胎児性・小児性水俣病患者等が五割以上であるものに限る。

イ．外出支援：通所・通院や買い物などで外出する際の支援。

ウ．交流サロン：レクリエーションの場の提供、観光や買い物などのイベントの実施。

エ．在宅支援訪問（家事援助等）：炊事や掃除、洗濯など。

オ．在宅支援訪問（身体介護）：入浴や排泄などの介護。

カ．配食：施設で作った食事の自宅への配送。

キ．日中一時支援：日中一時的に、施設で生活する際の支援。

ク．一時宿泊：一時的に、施設で宿泊を伴い生活する際の支援を行うもの。

(2)「施設運営事業」は、次の事業とする。
ア．障害者総合支援法等に準じる住まいの場を提供するサービス。
障害者総合支援法における共同生活援助（グループホーム）、共同生活介護（ケアホーム）、または介護保険法における小規模多機能型居宅介護拠点等に準じるサービス。ただし、入居者のうち原則7割を胎児性患者等が占めるものとする。
イ．障害者総合支援法等に準じる日中活動の場を提供するサービス。
障害者総合支援法における短期入所（ショートステイ）、生活介護、就労継続支援、介護保険法における短期入所生活介護または短期入所療養介護等に準じるサービス。ただし、通所者のうち、原則五割以上を胎児性等が占めるものとする。
(3)(1)(2)に該当する事業であっても、障害者総合支援法等の制度に基づいてサービスを提供できる場合、補助対象事業とはしないものとする。
(4)～(5)〈略〉
(6)「家族棟運営事業」は、次の事業とする。
ア．短期利用　イ．入居
(7)〈略〉
3　補助金の算定基準
(1)〈略〉
(2)原則として、補助対象経費の一割について、利用者が自己負担を行う者とする。

3 「胎児性・小児性水俣病患者等に係る地域生活支援事業を利用している団体と活動内容」

（あいうえお順／平成二五年三月時点）

● NPO法人ひまわり芦北

障害者が社会の一員として自立した生活が送れるよう、作業を通して働くことの喜びや人と交流することの楽しさを感じられる活動を行う。外出や買い物、茶道、美術館見学など、地域の人と交流する機会も設けている。

● NPO法人水俣病協働センター（水俣・ほたるの家）

在宅支援を基本にしながら、一二〜一三名の胎児性・小児性患者、その家族の生活支援活動に取り組む。週三回の遠見の家、ほたるの家での交流サロン・生きがいづくり作業、在宅支援・外出支援などを行う。水俣病互助会・水俣病被害者互助会と連携して活動している。

● グローバル園芸療法トレーニングセンター

園芸療法の実践をエコパーク水俣のバラ園管理を通じて行う。

● 支援センターまどか

患者それぞれに合う健康づくり、趣味づくり、生き甲斐づくり等の各種講座や相談事業を行う。

● 社会福祉法人さかえの杜（ほっとはうす）

胎児性・小児性水俣病患者や地域の障害者が重い障害を持っていても、地域で暮らし続けられるよう、働く場の提供や生活支援や短期の宿泊などの支援を行う。

●水俣市社会福祉協議会

日頃外出の機会が少ない患者や障害者、その家族が交流しながら出かける事業を実施。

●わくワークみなまた

障害者が地域で自立した生活ができるように必要な訓練や職業を提供している。環境と福祉を融合させた新たなモデルとして、障害者とともにペットボトルリサイクルを中心とした授産事業を行う。

（出典・1熊本県「胎児性・小児性水俣病患者に係る地域生活支援事業補助金交付要項」、2「同要領」（いずれも平成二七年度版）、3水俣・芦北地域水俣病被害者等保健福祉ネットワーク『保健福祉サービスのしおり〜水俣・芦北地域』（平成二五年三月））

J―二〇一四（平成二六）年 水俣病の認定に関する環境省の「新通知」

環保企第一四〇三〇七二号
平成二六年三月七日

熊本県知事 殿
鹿児島県知事 殿
新潟県知事 殿
新潟市長 殿

環境省総合環境政策局環境保健部長

公害の健康被害の補償等に関する法律に基づく水俣病の認定における総合的検討について

（通知）

平成二五年四月一六日の水俣病の認定に係る最高裁判決（以下「最高裁判決」という。）においては、公害健康被害の補償等に関する法律（昭和四八年一〇月五日法律第一一一号。以下「公健法」という。）に基づく水俣病の認定について、「都道府県知事が行うべき検討は、大気の汚染又は水質の汚濁の影響によるものであるかどうかについて、個々の患者の病状等についての医学的判断のみならず、患者の原因物質に対するばく露歴や生活歴及び種々の疫学的な知見や調査の結果等の十分な考慮をした上で総合的に行われる必要があるべきであるところ、公健法等にいう水俣病の認定に当たっても、上記と同様に、必要に応じた多角的、総合的な見地からの検討が求められるというべきである。」旨の判示がされ、総合的検討の重要性が指摘された。

「後天性水俣病の判断条件について」（昭和五二年七月一日付け環保業第二六二号環境庁企画庁政局環境保健部長通知。以下「五二年判断条件」という。）において「水俣病であることを判断するに当たっては、高度の学識と豊富な経験に基づき総合的に検討する必要がある」とされているところ、最高裁判決で総合的検討の重要性が指摘されたことを受け、これまでの認定審査の実務の蓄積等を踏まえ、五二年判断条件に示された症候の組み合わせが認められない場合における同条件にいう総合的検討のあり方を整理したので、これに基づき、引き続き認定審査を適切に実施されたい。

記

1．総合的検討の趣旨及び必要性

公健法第四条第二項に定める水俣病の認定は、申請者が水俣病にり患しており、かつそれが指定地域において魚介類に蓄積された有機水銀を経口摂取したために生じたものであると認められるかどうか判断してなされるものである（ここでいう「水俣病」とは、五二年判断条件及び最高裁判決の中で同様に記されているとおり、魚介類に蓄積された有機水銀を経口摂取することにより起こる神経系疾患である。）。

ここで、感覚障害や運動失調といった水俣病にみられる個々の症候は、それぞれ単独では一般に非特異的であると考えられ、その一つの症候がみられることのみをもって水俣病である蓋然性が高いと判断するのは困難である。このため、最高裁判決でも判示されたとおり、五二年判断条件は、水俣病を発症するに至る程度の有機水銀に対するばく露が確認され、かつ、同条件に定める「症候の組み合わせが認められる場合には、通常水俣病と認められるとして個々の具体的な症候と原因物質との間の個別的な因果関係についてはそれ以上の立証が必要ないとする」（最高裁判決）ものである。

一方、五二年判断条件は、水俣病であることを判断するに当たっては、総合的に検討する必要があるとしており、最高裁判決も、「五二年判断条件に定める症候の組み合わせが認められない四肢末端優位の感覚障害のみの水俣病が存在しないという科学的な実証はないところ」とした上で、「五二年判断条件は、（中略）上記症候の組合わせが認められない場合についても、経験則に照らして諸般の事情と関係証拠を総合的に検討した上で、個々の具体的な症候と原因物質との間の個別的な因果関係の有無等に係る個別具体的な判断により水俣病と認定する余地を排除するものとはいえないというべきである。」と判示している。このように、五二年判断条件に示された症候の組合わせが認められない場合についても、同条件に基づき、申請者の有機水銀に対するばく露及び申請者の症候並びに両者の間の個別的な因果関係の有無等を総合的に検討することにより、水俣病と認定しうるものである。

2. 総合的検討の内容

申請者の有機水銀に対するばく露及び申請者の症候並びに両者の間の個別的な因果関係の有無等に係る総合的検討の内容としては、個々の申請者の状況に応じて、以下の項目について確認、判断等することが望ましい。

(1) 申請者の有機水銀に対するばく露

申請者の有機水銀に対するばく露については、まず、申請者から、申請者が有機水銀に汚染された魚介類を多食したことにより有機水銀にばく露したとしている時期（以下「ばく露時期」という。）並びに申請者のばく露時期の食生活（摂取した魚介類の種類、量、時期を含む。）及び魚介類の入手方法を確認すること。

そのうえで、これらの事項と以下の①から④に掲げる事項について総合的に勘案することにより、申請者が、指定地域において魚介類に蓄積された有機水銀をどの程度経口摂取し、ばく露したのか、またそれがどの程度確からしいと認められるかを確認すること。

① 申請者の体内の有機水銀濃度

申請者の体内の有機水銀濃度（汚染当時の頭髪、血液、尿、臍帯などにおける濃度）が把握できる場合には、それがどの程度の値かを確認すること。

②申請者の居住歴（申請者の居住地域の水俣病の発生状況）

申請者がばく露時期に住んでいた地域において、住民数に比してどの程度の数の公健法等に基づく水俣病の認定があったかを確認すること。

(2) 申請者の症候

①申請者の関連症候

申請者について、水俣病の関連症候（水俣病が呈する症候として五二年判断条件に列挙されたもの）を呈しているかどうか、呈している場合には、さらに、当該症候の強さ、発現部位、性状等が、水俣病にみられる症候としての特徴を備えているかどうかを確認すること。その際、例えば、感覚障害については、水俣病にみられる「四肢末端の感覚障害は、典型的には、表在感覚、深部感覚及び複合感覚が低下するものであり、障害が左右対称性で四肢の末端に強く体幹に近づくにつれてしだいに弱くなる。いわゆる手袋靴下型の感覚障害である。」（平成3年答申）とされていることに留意すること。

また、申請者において上記症候が生じたと考えられる時期（以下「発症時期」という。）を確認すること。

②申請者の一般的医学情報

申請者の年齢、性別、身長、体重、既往歴（疾患の種類、経過、治療を受けている場合には、その内容等。水俣病の関連症候を示すことのある他の疾患へのり患の有無等を含む。）を確認すること。

(3) ばく露と症候の間の因果関係について

申請者の有機水銀に対するばく露と申請者の症候との間の個別的な因果関係の有無等については、以下の①及び②の観点から確認したうえで、ばく露の側面からの蓋然性（(1)で確認されたばく露の程度や確からしさ）と、症候の側面からの蓋然性（(2)で確認された症候、それぞれの強さ、発現部位や性状等が水俣病にみられる症候としての特徴を備えているかどうか）をあわせて総合的に検討して、判断すること。その際、以下の①及び②の観点から確認されたことを前提として、ばく露の側面からの蓋然性と症候の側面からの蓋然性がともに高い場合には、申請者の有機水銀に対するばく露と申請者の症候との間の個別的な因果関係が認められる蓋然性は、そうではない場合と比べて比較的高くなると考えられるところ、症候の側面からの蓋然性が低い場合には、因果関係が認められる蓋然性を、ばく露の側面から蓋然性が相当高いかどうか及び以下の①及び②の観点から十分に確認し、判断すること。

①申請者のばく露時期と発症時期の関係

ばく露時期と発症時期の関係については、「ばく露後発症までの期間は、メチル水銀では通常1か月前後、長くとも一年程度までであると考えられている。」（平成三年答申）ところであり、発症時期がばく露後1か月から一年程度までであれば、申請者の有機水銀に対するばく露と申請者の症候との間の個別的な因果関係が認められる蓋然性が高いと判断して差し支えない。一方、「ばく露が停止してから症状が把握されるまで数年を超えない範囲で更に長期間を要した臨床例が報告されている」（平成三年答申）ことにも留意すること。

②他原因との比較評価

水俣病の関連症候は、それぞれ単独では一般に非特異的であることから、申請者の症候が有機水銀に対するばく露に起因する蓋然性を、（二）②により把握された申請者の一般的医学情報も用いて、それ以外の疾患等による蓋然性と比較して評価すること。

3．総合的検討における資料の確認のあり方

(1) ばく露等に関する資料の確認のあり方

2(1)に掲げた事項は、主治医の診断書及び公的検診の結果等により確認されるものであるところ、2(1)及び(3)に掲げた事項についても、できる限り客観的資料により裏付けされる必要があること。ばく露に関する客観的資料としては、漁業許可証等の公的な文書はもとより、種々の疫学的な知見や調査の結果等についても、それが適切な手法によって得られたものであって、かつ、申請者のばく露時期や申請者がばく露時期に住んでいた地域等に係る個別具体的な情報が記録されており、申請者の有機水銀に対するばく露を直接推し量ることができると認められるものであれば、客観的資料として取り扱うことができること。

(2) 未検診死亡者に係る臨床医学的知見についての資料の確認のあり方

認定申請後、審査に必要な検診が未了のまま申請者が死亡し、かつ剖検も実施されなかった場合には、五二年判断条件にあるとおり、「ばく露状況、既往歴、現疾患の経過及びその他の臨床医学的知見についての資料を広く集め」、総合的な検討を行う必要がある。

この場合、臨床医学的知見についての資料については、申請時に提出された診断書を作成した医師が所属する医療機関その他の申請者の受診歴のある医療機関から診療録等の資料の提供受けて、それらの資料が、申請者が水俣病である蓋然性が高いかどうかの判断に資するものかどうかを以下の観点から確認し、それらを基に、より慎重に総合的検討を行うこと。

- 医師が、主治医として申請者を一定期間継続的に診療する過程で作成したものであること
- 2(2)に掲げる申請者の症候に係る事項が確認できるに足りるだけの診療等の方法がとられ、かつその結果が十分に分析されたものであり、それが正確に読み取ることができること。

複数の医療機関から資料の提供が得られた場合には、それぞれの臨床所見や検査結果についての上記の観点

からの確認に加えて、それらの資料の相互の関係にも留意して、総合的検討を行うこと。

4．留意事項

●これまで各県市において水俣病の認定に当たり五二年判断条件に基づかない認定審査が行われてきたと捉えるべき特段の事情はなく、過去に行った処分について再度審査する必要はないこと。

●今後、各県市において、本通知に沿って認定審査の事務を行なっていく中で、本通知の解釈に係る疑義が生じた場合には、適宜環境省に照会されたいこと。

（出典・環境省「公害の健康被害の補償等に関する法律に基づく水俣病の認定における総合的検討について（通知）」〈https://www.env.go.jp/hourei/add/n002.pdf〉（二〇一七年一二月二一日取得）

水俣病年表〈一九〇六年〜二〇一八年〉

*——胎児生患者たちに関連する事項についてはゴチック体にした。
特に記していない場合、「県」は熊本県、「市」は水俣市をさす。

月	日	水俣病をめぐる動き
		●一九〇六年
一		野口遵、鹿児島県伊佐郡大口村に曽木電気株式会社を創立。
		●一九〇七年
三		野口遵ら、日本カーバイド商会設立、熊本県葦北郡水俣村に製造工場を設立。
		●一九〇八年
八		曽木電気と日本カーバイド商会を合併し、日本窒素肥料株式会社（日窒）を設立。
		●一九一二年
一二		町政を施行し、水俣町となる。

●一九三二年

五　水俣工場、アセトアルデヒド酢酸工程の稼働を開始。触媒に水銀を使用するこの工程から無処理の排水が水俣湾の百間港へ放流され始める。

●一九四五年

八・一五　敗戦。日窒、海外資産を失う。水俣工場だけからの再出発となる。

●一九四六年

二　水俣工場、アセトアルデヒド・合成酢酸設備の稼働を再開。

●一九四九年

四　市政が施行され、水俣市となる。

●一九五〇年

五・〇一　日窒、社名を新日本窒素肥料株式会社（新日窒）と改称。

●一九五二年

九　新日窒、アセトアルデヒドの誘導合成により、オクタノール（ビニールの可塑剤）製造を国内初工業化、市場を独占。

●一九五六年

五・〇一　新日窒付属病院が、脳症状を主訴として入院していた患者について水俣保健所に届け出る。水俣病公式確認。

五・二八　水俣市奇病対策委員会発足。七月、患者8人を市立病院の伝染病隔離病棟に収容。

八・二四　熊本大学（熊大）、熊本県の依頼により水俣病医学研究班を組織。

一一・〇三　熊大研究班、本疾病は伝染病ではなくある種の重金属による中毒、人体への侵入は魚介類の摂取によると考えられるとする報告を発表。

●一九五七年

八・〇一　水俣奇病罹災者互助会（のちの水俣病患者家庭互助会）結成。

八・一六　熊本県、厚生省公衆衛生局に食品衛生法による漁獲禁止措置の可否を照会。

九・一一　厚生省、熊本県の照会に対して「水俣湾内特定地域の魚介類がすべて有毒化している明らかな根拠は認められない」として食品衛生法は適用できないと回答。

●一九五八年

九　水俣工場、アセトアルデヒド酢酸工程の排出先を百間港から水俣川河口に変更。これにより排水が水俣湾を経由せず不知火海に直接流出。

●一九五九年

一・一六　厚生省食品衛生調査会に水俣食中毒部会設置。

七・一四　熊大研究班報告会で、有機水銀説が公表される。同月二二日、水俣食中毒部会として「水俣病は現地魚介類摂食で起こる神経系疾患で毒物は水銀が極めて注目される」と報告。

一〇・〇六　細川一新日窒病院長、アセトアルデヒド廃水を餌にかけて投与していたネコ四〇〇号の発病を確認、技術部に報告。

一一・一二　厚生省食品衛生調査会、水俣食中毒部会の結論を踏まえ「水俣病の原因は湾周辺の魚介類中のある種の有機水銀化合物」と大臣に答申。

一一・一三　池田勇人通産相、「有機水銀が工場から流出との結論は早計」と厚生省の答申を批判。水俣食中毒部会は解散させられる。

一一・二八　患者互助会、一律三〇〇万円の補償を求めて水俣工場前に座り込みを開始。
一二・二四　水俣工場でサイクレーター（水銀化合物の除去機能なし）の竣工式。
一二・三〇　チッソと患者互助会の間に「見舞金契約」（**資料A**）が締結される。

●一九六一年

九　診査協議会が厚生省から県へ移管、水俣病患者審査会となる。

●一九六二年

四・一七　新日窒、労働組合に「安定賃金制」を提示。労組は第一と第二に分裂し、以降いわゆる安賃闘争が激化。翌年一月、闘争収拾。
八　入鹿山熊大医学部教授ら、「アセトアルデヒド工程の廃泥から塩化メチル水銀を抽出」と医学誌に論文発表。
一一・二九　患児一六人が初めて胎児性水俣病患者として診定、一括認定。胎児性水俣病の公式確認。

●一九六三年

三　徳臣晴比古熊大医学部助教授、「一九六〇年までで水俣病は終息したようだ」との記述を含む医学論文発表。

●一九六四年

二・二八　水俣病患者審査会設置の県条例制定。患者認定が初めて法的位置付けをえる。

●一九六五年

一・〇一　新日窒、社名をチッソ株式会社と変更。
三・〇七　水俣市立病院付属湯之児病院（リハビリテーション・センター）開院。

五・三一　新潟水俣病公式確認。新潟大学の椿忠雄医学部教授ら、「原因不明の水銀中毒患者が阿賀野川下流沿岸に多く発生」と新潟県に報告。

六・一二　新潟大学と新潟県、「阿賀野川流域に有機水銀中毒患者が発生」と正式に発表。

●一九六八年

一・一二　「水俣病対策市民会議」発足。七〇年八月に「水俣病市民会議」と名称変更。

五・一八　チッソ水俣工場、電気化学から石油化学への転換という理由でアセトアルデヒド工程の稼働を停止。

九・二六　厚生省「水俣病に関する見解と今後の措置」を発表、「熊本水俣病は新日窒水俣工場で生成されたメチル水銀化合物が原因」と断定。政府公式確認。

●一九六九年

一・二八　石牟礼道子『苦海浄土―わが水俣病』刊行。

四・一五　水俣市立病院附属湯之児病院に胎児性患者のための教育機関として水俣第一小学校の分校を開設。

四・二〇　水俣病を告発する会（本田啓吉代表）、熊本市内で発足。

六・一四　水俣病認定患者二九世帯一一二人、チッソの損害賠償を求めて民事訴訟を熊本地裁に提起（水俣病第一次訴訟）。

一二・一五　「公害に係る健康被害の救済に関する特別措置法」（救済法）公布。

●一九七〇年

七・〇四　第一次訴訟出張尋問で細川一医師、ネコ四〇〇号実験を証言。会社が見舞金契約締結以前に工場排水が原因と知っていたことが判明。

一〇・一二　宇井純東大助手、自主講座「公害原論」開講。

●一九七一年

七・〇一　環境庁発足。水俣病問題が厚生省から移管される。

八・〇七　環境庁、川本輝夫らが認定棄却処分に対して申し立てていた行政不服審査で、県の棄却処分を破棄し差し戻す採決。同時に、事務次官通知「公害にかかる健康被害の救済に関する特別措置法の認定について」（資料B）を通知。

一〇・一一　川本ら新認定患者が、チッソに直接補償を求める交渉を開始。自主交渉派の発足。

一一　**翌月に開園する明水園の委託運営を行うことを目的として、社会福祉法人水俣市社会福祉事業団が設立される。**

●一九七二年

二・二三　自主交渉派、大石武一環境庁長官、沢田一精熊本県知事ら立ち会いのもとでチッソと初の自主交渉を環境庁で開く。

七・〇一　公害等調整委員会発足（中央公害審査委員会を改組）。

一二・一五　**重症心身障害児（者）施設、重度身体障害者授産施設併設の「水俣市立複合施設明水園」開園。胎児性患者一〇名、成人患者三名の入園で始まる。一九七七年一月、授産施設を廃止、名称を「重度心身障害児（者）施設水俣市立明水園」と改称。**

●一九七三年

一・二〇　新認定および未認定患者・家族一四一名が、チッソに対し損害賠償請求の民事訴訟を熊本地裁に提起（水俣病第二次訴訟）。

三・二〇　熊本地裁、第一次訴訟で患者全面勝訴の判決。

三・二二　自主交渉派と訴訟派が合流し東京交渉団を結成、チッソ本社内で交渉を開始する。
五・二二　朝日新聞、「有明海に第三水俣病水銀汚染各地に」と報道。全国に水銀パニックが広がる。
七・〇九　東京交渉団、水俣病補償協定に調印（資料C・D）。

●一九七四年

一・一〇　熊本県、汚染魚封じ込めのための仕切り網を水俣湾口に設置。
三・〇三　訴訟派と自主交渉派が合同し、「水俣病患者同盟」を結成。
四・二五　市内袋仏石に水俣病センター相思社設立。一九八八年に水俣病歴史考証館が設立される。
七・一六　認定申請者（最終六五〇人）が環境庁に対して「不作為の審査請求を申し立て」。一部に熊本県の認定業務の不作為を認める裁決が下る。翌月、申し立てた患者は「水俣病認定審査患者協議会」（申請協）を結成。
九・〇一　公害健康被害補償法施行。水俣病では補償協定の方が高水準のため、認定までをこの法により対応。
県、認定審査会で「保留」「要観察」となった申請者につき医療費と手当支給を開始。

●一九七五年

四・〇一　県と環境庁、認定申請後一年以上・指定地域居住歴五年以上の者に医療費自己負担分を公費支給する「治療研究事業」を開始。
水俣市立病院附属湯之児病院に胎児性患者のための教育機関として水俣第一中学校の分校を開設。一九九九年四月二六日、役割を終え閉校。
五　若い患者の集まり「仕事ばよこせ！　人間として生きる道ばつくれ!!」（資料G1）発表。

八・〇七　杉村国夫・斉所一郎熊本県議、環境庁への陳情で「認定申請者にはニセ患者が多い」と発言。九月、申請協が県議会に対してこのニセ患者発言を抗議。

●一九七六年

一〇・〇一　環境庁、水俣病のための「特殊疾病対策室」を設置。

一二・一五　熊本地裁、申請協による「不作為違法確認の行政訴訟」に判決。未処分の申請者原告全員につき業務の滞りを認め「県の不作為は違法」と判示、確定。

●一九七七年

一・一四　若い患者の集まり、チッソ水俣本部に「申入書」（資料G２）を提出、補償協定前文七を元に働く場を要求。翌一五日には成人式会場前で「成人式を迎える市民の若い皆さんへ」（資料G３）と題されたビラを撒く。

四・二二　若い患者の集まり、水俣を訪問した石原慎太郎環境庁長官と面会し、「環境庁長官石原慎太郎殿」（資料G４）を手渡す。

七・〇一　環境庁、「後天性水俣病の判断条件」（資料F）を通知。複数の臨床症状の組み合わせが必要として、一九七一年の事務次官通知の認定要件を狭めた。

一二・二六　一〇月に着工した水俣湾へドロ処理工事の安全性を危惧した不知火海沿岸の住民・患者、熊本地裁に工事の差し止めを求める仮処分申請。工事が一時停止する。

●一九七八年

二・二四　申請協・患者連盟・県外患者、認定不作為解消や国の水俣病責任等を問い、環境庁と熊本県庁に同時座り込み。

三・二〇　患者、環境庁の座り込み排除に抗議し歴代の通産・厚生・農林大臣と熊本県知事を殺人・傷害罪で問う刑事告訴を東京・熊本地検に同時提出。

六・一六　前年三月に発足した「水俣病関係閣僚会議」でチッソ支援のための熊本県債発行や認定業務促進に関する新通知など国の水俣病対策が決定。行政がチッソを融資と認定抑制で支える構図が確定する。

七・〇三　環境庁、「水俣病の認定に係る業務の促進について」通知。認定範囲は医学的に蓋然性が高い場合のみ認定し、死者などで資料がえられぬ場合は棄却するなど、一九七七年判断条件と同様、患者認定を著しく絞り込む体制が確立。

九・二二　胎児性患者たちが中心となり「石川さゆりオンステージ」を水俣市文化会館で開催。

一一・〇八　認定申請を棄却された御手洗鯛右ら四人、処分の取り消しを求める行政訴訟熊本地裁に提起。

一一・一八　熊本県議会がチッソ支援の県債発行議案を可決。

一二・一五　申請協二二人、認定業務の停滞を問い、熊本県知事の不作為違法に対する損害賠償請求訴訟を熊本地裁に提起（待たせ賃訴訟）。一九八三年七月の熊本地裁判決、一九八五年一一月の福岡高裁判決でいずれも原告側が勝訴。一九九一年四月、最高裁は福岡高裁判決破棄差し戻し。二〇〇一年二月の最高裁判決で上告棄却となり原告の敗訴が確定。

●一九七九年

二・一四　「水俣病の認定業務の促進に関する臨時措置法」施行。国は認定審査会を設け熊本県の負担軽減をめざすが、患者は棄却促進になると反発。

三・二二　熊本地裁、チッソ刑事裁判で、吉岡喜一元社長と西田栄一元工場長に業務上過失致死傷罪で禁錮二年・執行猶予三年の有罪判決。福岡高裁（一九八二）および最高裁（一九八八）はいずれも被告の上訴を棄却し、有罪が確定。

三・二八　熊本地裁、水俣病第二次訴訟で司法による初の水俣病認定。チッソ控訴。

七・二五　市内湯の児に国立水俣病研究センターが開所。

八・二一　熊本地検、歴代大臣告訴につき立件不可能との不起訴処分。申請協・連盟などの患者、これを不服として起訴を求める付審判請求。熊本地検は、請求を受理し意見書と証拠を熊本地裁に送達。

●一九八〇年

四・〇四　熊本県、審査会答申により二人認定二人棄却。この月で棄却処分の累計が認定総数を上回る。

四・一六　熊本地裁、ヘドロ処理差し止めの仮処分申請を却下。建設省・熊本県、二五ｐｐｍ以上の汚泥を浚渫により除去し、湾奥に封じ込め埋め立てる水俣湾埋立工事を再開。

水俣病被害者の会、国・県・チッソに対し水俣病の賠償を求める初の国家賠償訴訟を熊本地裁に提起（第三次訴訟）。同訴訟団は各地の訴訟原告らと水俣病被害者の会・弁護団全国連絡会議（全国連）を結成。

九・一八　申請協、棄却処分の増大に対して「検診拒否」の運動を開始。

●一九八一年

四・〇八　熊本地裁、一九七九年付審判請求に対し「歴代大臣不起訴は相当」と患者の請求を棄却するも、「行政の対応は余りに遅く不適切」と指弾。

六・二一　新潟水俣病の未認定患者、国・県・チッソに対して水俣病の賠償を求める訴訟を新潟地裁に提起（新潟第二次訴訟）。その後全国連に参加。

●一九八二年

一〇・二八　チッソ水俣病関西患者の会、国・県・チッソに対し水俣病の賠償を求める訴訟を大阪地裁に提起。県外での未認定患者の国賠訴訟は初めて。

●一九八四年

五・〇二 首都圏の未認定患者、国・県・チッソに水俣病の賠償を求める訴訟を東京地裁に提起。その後全国連に参加。

●一九八五年

八・一六 福岡高裁、第二次訴訟控訴審判決。「水俣病判断条件は厳格に失する」と批判、未認定患者の五原告中四人を水俣病と認め、賠償を命ずる。判決確定。第二次訴訟判決に対して環境庁の水俣病医学専門家会議は「判断条件は妥当」と再確認。一方で「水俣病診断には至らないが医学的に判断困難な事例」を「ボーダーライン層」として、何らかの対策が必要との認識を示す。

一一・二八 近畿・北陸の未認定患者、国・県・チッソに水俣病の賠償を求める訴訟を京都地裁に提起。その後、全国連に参加。

●一九八六年

五・〇一 水俣病公式確認三〇周年。

七・〇一 県と環境庁、曝露歴と感覚障害のある認定申請棄却者に対し、再び認定申請しないことを条件に医療費自己負担分を支給する「特別対策医療事業」を開始。

●一九八七年

一〇・一三 県、申請者を棄却。通算一五七回の認定審査会で認定なしは初。

●一九八八年

二・一九 九州の未認定患者、国・県・チッソに水俣病賠償を求める訴訟を福岡地裁に提起。その後全国連に参加。

三・〇八　申請協などの患者、水俣病チッソ交渉団を結成。認定制度の限界を見据え、チッソに対して補償要求の直接交渉を開始。九月から翌三月まで水俣工場正門前で座り込みを行う。

●一九八九年

一・一三　被害者の会全国連、認定制度と補償協定にとらわれない新しい司法救済システム（司法上の和解）を提案。

四・〇八　WHOなどで作る国際化学物質安全性計画（IPCS）、有機水銀の環境基準の改正を検討。これに対し環境庁が、「基準が緩和されれば水俣病認定や裁判に甚大な影響が出る」と反論作成の緊急予算を組んでいたことが暴露され、各患者団体が一斉に抗議。

一一・二一　申請協とチッソ交渉団が合同し水俣病患者連合を結成。

●一九九〇年

三・三一　水俣湾へドロ処理工事が終了。五八ヘクタールの埋立地が出現。

四・一一　IPCS、有機水銀の新クライテリアを各国に通知。成人の毛髪水銀値五〇ppm以上は従来通りだが、妊婦の場合は毛髪一〇〜二〇ppmでも胎児に影響と指摘。

九〜一〇　国賠訴訟を審理中の裁判所が続々と和解勧告を出す。原告と県・チッソはこれに応じたが国は拒否。国抜きの和解協議が始まる。

一〇・二九　水俣病関係閣僚会議、「国に水俣病発生責任はない」「判断条件は正しい」として一連の和解勧告を拒否する政府見解を示す。

一二・〇五　北川石松環境庁長官が水俣訪問。

●一九九一年

一一・一六　患者連合、チッソ交渉。チッソ、訴訟原告以外の未認定患者にも同条件で救済すると表明。

一一・二六　中央公害対策審議会（中公審）、水俣病問題専門委員会の検討を踏まえ「今後の水俣病対策のあり方」を環境庁長官に答申。国の加害責任にはふれず、「グレーゾーン」の患者として棄却者に療養手帳を支給することなどを提案。

四月には県も同趣旨の回答。

●一九九二年

二　**胎児性患者とその支援者、障害者が集い「カシオペア会」を結成。**

五・〇一　水俣市、一九六八年以来二四年ぶりに水俣病犠牲者慰霊式を水俣湾埋立地で開催。患者連盟・患者連合は百間排水口で、水俣病被害者互助会は乙女塚で独自に慰霊式を開く。

環境庁、中公審答申を受けて棄却者に対する「総合対策医療事業」を発表。一九八六年の特別対策医療事業に月二万円程の療養手当を加えたもので、判定検討会を経て医療手帳を交付。一九九五年の政府解決の基盤ともなる。

一二・〇二　全国連、国の和解参加などを要求して環境庁前座り込み。

●一九九三年

一・〇四　埋立地に隣接する市内明神に水俣病資料館開館。患者・家族が「語り部」として水俣病を伝えていく。

●一九九四年

五・〇一　水俣病犠牲者慰霊式で、初当選直後の吉井正澄市長が市政責任者として初めて、過去の行政責任を詫びる。

●一九九五年

六・三〇　自社さ連立の村山富市内閣発足。全国連、一一月に首相官邸前座り込み。

四・二八　連立与党の自民・社会・さきがけ、「水俣病問題についての三党合意」を中間報告。裁判所の和解協議への参加を拒否していた国・環境庁は自らが「患者とチッソの和解」の斡旋者となる方向に転じていく。

六・二一　連立与党、「水俣病問題の解決について」を三党合意のうえ政府に提出。

九・二八　環境庁、解決策最終案を患者五団体に提示。一時金として一人二六〇万円、五団体に団体加算金として総額四九億円などが示される。

一二・一五　「水俣病政府解決策」閣議了承。総合対策医療事業の判定を時限的に再開し、同様の曝露歴・感覚障害のものを対象者とする（**資料E**）。首相談話では「結果として対応に長期間を要したことの反省」のみで責任は認めず。

●一九九六年

三・一八　患者連合、対象から外れた会員も含め一律四〇〇万円分配を決定。四・三〇、知事・市長ら立会のもとチッソ交渉の終結を宣言。

五・一九　全国連、水俣でチッソと協定調印。第三次訴訟の福岡訴訟、京都訴訟、東京訴訟、新潟二次訴訟につきチッソと和解、国・県への提訴取り下げ。

六　**水俣病被害者互助会や水俣病市民会議の活動に参加していた支援者や患者が中心となり、共同作業所「水俣ほたるの家」を設立。**

九〜一〇　水俣・東京展開催。約三万人が参観する。

●一九九七年

三・一一　福岡高裁、政府解決に参加せず棄却取消訴訟を一人で継続していた御手洗鯛右に対し、鹿児島県知事の棄却処分を破棄し水俣病と認める判決。県は上告せず、判決が確定。申請から二五年目の認定。

三・〇七　政府解決策による総合対策医療事業判定結果発表（熊本・鹿児島県関係分／死者含む）。
二六〇万円の一時金と療養手帳交付…一万三五三人（以前からの手帳交付者含）
一時金なしの保健手帳交付のみ…一一八七人
医療事業対象と判定されず…三四五三人

八・二〇　熊本県、「調査対象魚の水銀値が国の規制値を下回った」として水俣湾仕切り網の撤去開始。

一〇・一一　水俣・東京展実行委員会を継承する「水俣フォーラム」発足。以降各地で「水俣展」を開催。

●一九九八年

二・一三　総合もやい直しセンター「もやい館」が水俣川沿いに竣工。芦北町「きずなの里」、市内袋「おれんじ館」とともに政府解決策の一環。

九・一九　日本精神神経学会、「複数の症候を要件とする水俣病判断条件は誤り。高度の有機水銀曝露を受けたものは感覚障害だけでも水俣病と診断できる」との見解を発表。関西訴訟でも証拠として採用される。

一一・二九　「もやい直しセンター」に設置予定の喫茶コーナーの運営を要望するために市民ボランティアや患者が結成した「つくらの会」を母体として、共同作業所「ほっとはうす」設立。

●一九九九年

二・一八　未認定患者の発掘等、被害者運動を長年にわたりひきいた川本輝夫（患者連盟委員長／水俣市議）死去。

二・二三　水俣市役所、ＩＳＯ一四〇〇一の取得を発表。以降徹底して行っているゴミ分別は全国有数の実績。

一〇　湾内漁業が二三年ぶりに再開。

●二〇〇〇年

四・〇三　各地の水俣展を担った市民が「水俣を子どもたちに伝えるネットワーク」を発足。学校への出前授業を進める。

八・一六　緒方正美氏の認定審査の問診記録で、休職中のことを「ブラブラ」と侮蔑的に表記していたことが判明。潮谷義子熊本県知事が謝罪し改善を約束する。

一二・二八　潮谷知事、水俣湾汚染の調査継続を表明。

●二〇〇一年

一・〇一　省庁再編で環境庁が環境省に改組。川口順子環境大臣が初代。

三・〇九　国水研（国立水俣病総合研究センター）調査で、一九五〇年代後半の水俣では認定患者の母親から生まれる男児の割合が女児の六割と異常に低かったことが判明。

四・二七　大阪高裁、水俣病関西訴訟の控訴審判決。国・熊本県にも水質二法などによる責任を認め、病像では患者側主張の「中枢神経損傷説」や「二点識別覚検査」を採用。高裁の行政責任判示は初。チッソは上告断念、国・県は上告。

一〇・一五　水俣市で第六回国際水銀会議開催。国際社会が微量汚染での健康被害を問題視する中、日本政府の姿勢が後ろ向きであることが露に。市内では水俣展が開催される。

一〇・二三　中央公害対策審議会環境保健部会水俣病問題専門委員会（井形昭弘委員長）の一九九一年議事速記録が、内閣の決定を経て情報開示請求者に交付される。水俣病が中枢神経損傷に由来し、感覚障害のみの水俣病もありえることを承知しつつ、一連の方策を話し合ってきたことが明らかになる。関西訴訟でも証拠採用される。

一二・一九　検診未了のうちに死亡し、病院カルテ調査を放置されたまま認定申請を棄却された故溝口チエ遺族の溝口秋生、熊本県に対し棄却処分取消を求める行政訴訟を熊本地裁に提起。

●二〇〇二年

九・一三　国連環境計画、微量水銀による健康被害につき各国政府に早急な対策を求める。

九・二〇　原田正純熊本学園大学教授、社会福祉学部で「水俣学」開講。

●二〇〇三年

三・〇三　熊本県、認定申請者一九人を棄却処分。この中には第二次訴訟や関西訴訟で水俣病の賠償を認容されている原告も含まれている。

三・二一　水俣で第一次訴訟三〇周年集会が開かれる。

六・〇三　厚生労働省、メカジキやキンメの水銀値が高いため妊婦は接触を控えるよう呼びかけ。マグロ類の警告を対象から外したことで批判を受ける。

一〇　**ほっとはうすを運営する「さかえの杜」が社会福祉法人として認可を受ける。**

●二〇〇四年

三・一七　熊本県、関西訴訟の原告ら六人の認定申請を棄却。行政認定と司法認定との「二重基準」の問題が露呈。

六・二七　三月、水俣市の山間部、水俣水源上流の長崎・木臼野地区に巨大産業廃棄物処分場が計画され県にアセスメント申請がなされていたことが明らかに。事業者のＩＷＤ東亜熊本がすでに敷地九五ヘクタールを取得していることから住民に危機感が募り、反対運動が始まる。「水俣の命と水を守る市民の会」を結成。

一〇・一五　チッソ水俣病関西訴訟最高裁判決で原告勝訴。大阪高裁判決の主要部分を踏襲し「水質二法を適用しなかった国、漁業調整規則を適用しなかった熊本県に、一九六〇年以降、水俣病の拡大を放置した責任がある」と判決。公式確認から四九年目にして行政の水俣病責任が確定した。認定審査会の基準で「水俣病ではない」とされていた原告五八人のうち五二人がメチル水銀中毒症の患者と認められた。

一〇・二六　関西訴訟団、判決を踏まえ抜本的な水俣病対策の改変を求める要請書を提出し環境省と交渉。小池百合子環境大臣が謝罪したが、環境保健部長は「水俣病判断条件は見直さない」の一点張り。

一一・一五　潮谷義子熊本県知事、最高裁判決を受け、司法認定との「二重基準」のままで今後の認定申請や処分を行う（司法認定された患者を棄却処分する）ことに対し、強い疑念を表明。

一二・二八　熊本県議会、不知火海沿岸の環境・健康調査や訴訟原告を含む多数の未認定患者への療養費支給をめざす県の対策案を了承。県、環境省との交渉へ。

最高裁判決以後、認定申請が激増。判決後の申請者数が熊本県二一六、鹿児島県二〇六人に上り、いまだ救済を受けずにいる潜在患者の存在が明らかになる。

●二〇〇五年

三・二四　鹿児島県認定審査会の二年任期満了。鹿児島県が次期委員の委嘱を見送り、前年一〇月末で任期切れの熊本県ともども、法による認定制度が機能停止状態に陥る。

三・二八　水俣湾のカサゴのメチル水銀が追加調査でも基準値を超えたため、県、調査を年二回に変更。

四・〇七　環境省、最高裁判決後の新対策として、関西訴訟原告・第二次訴訟原告に医療費、総合対策医療事業を拡充し「保健手帳」のみの募集再開、地域再生や胎児性患者等の生活改善・社会活動の促進などを含む「今後の水俣病対策について」（資料H）を発表。また、有識者一〇名からなる「水俣病問題に係る懇談会」を設置。

四・一三　最高裁判決後の県への認定申請者が一〇〇〇人を超える。鹿児島県との合計は一六〇〇人。

五・〇一　公式確認四九年目の水俣病犠牲者慰霊式。最高裁判決をふまえ、小池環境相と潮谷県知事が改めて謝罪。

九・二六　最高裁判決後の認定申請者が熊本、鹿児島両県合わせて三〇〇〇人を突破。両県の認定審査会は任期切れで後任が決まらない状態。

一〇・〇三　水俣病不知火患者会、未認定者を患者と認め賠償を命ずる判決を求め、国・熊本県・チッソに対する訴訟を熊本地裁に提起。

一〇・一三　国、県、総合対策医療事業による保健手帳の申請受付を再開（新保健手帳）。

●二〇〇六年

二・〇五　市山間部に計画中の産業廃棄物処分場建設に反対する宮本勝彬前教育長が市長に当選。産廃反対の市長を誕生させようと集まった市民による「参拝はいらない！市民連合」の運動もあり建設に中立の立場を示す現職を破る。

四・二八　水俣病五〇周年にあたり、小泉純一郎「水俣病公式確認五〇年にあたっての内閣総理大臣の談話」を発表。「一昨年一〇月の最高裁判決において国の責任が認められましたが、長期間にわたって適切な対応をなすことができず、水俣病の被害の拡大を防止できなかったことについて、政府としてその責任を痛感し、率直にお詫び申し上げます。」

九・一九　水俣病問題に係る懇談会、『「水俣病問題に係る懇談会」提言書』を発表。

一〇　「胎児性・小児性水俣病患者等に係る地域生活支援事業」（資料I）開始。

●二〇〇七年

七・〇三 与党水俣病問題に関するプロジェクトチーム「水俣病に係る新たな救済策について（中間取りまとめ）」を提示。一九九五年の政治解決を下敷きとする未認定患者の救済案。

一〇・一一 水俣病被害者互助会、「胎児性世代」によるチッソ・国・熊本県に賠償を求める訴訟を熊本地裁に提訴（第二世代訴訟）。

一一 ほたるの家、「NPO法人水俣病協働センター」設立。水俣病被害者や家族に医療や保健、福祉等のサービスを提供している機関や関係者によって構成される「水俣・芦北地域水俣病被害者等保健福祉ネットワーク」が設立。

●二〇〇八年

四 ほっとはうす「みんなの家」完成。二〇一二年三月には二階建ての増築棟も完成する。

六・二六 IWD東亜熊本、県の厳しいアセス意見を受けて水俣山間部の産廃処分場建設断念。

●二〇〇九年

七・〇八 与党案を軸に民主党修正を加えた「水俣病被害者の救済及び水俣病問題の解決に関する特別措置法」（特措法）が参議院で可決成立、同月一五日に公布・施行（資料E）。被害者側は法が予定する「チッソの子会社株売却による免責」に強く抗議、また今後公健法の定める指定地域から解除される可能性に懸念を示す。施行後、各裁判所で和解協議が進行する。

●二〇一〇年

五・〇一 現職の内閣総理大臣として初めて水俣病犠牲者慰霊式に参列した鳩山由紀夫首相、水銀に関する条約採択のための外交会議を水俣に誘致し、条約名を「水俣条約」と名付けることをめざすと表明。

特措法による救済の受付開始。

一〇　胎児性患者たちの在宅訪問介護を担う「NPO法人はまちどり」設立。翌年一月に訪問介護事業所の指定を受ける。

●二〇一一年

一・一二　チッソ、前年末の環境大臣認可を受け子会社JNCを設立。四月には事業部門を全面譲渡し、チッソは患者補償と債務返済に特化した持ち株会社となる。

三・一一　東日本大震災発生。以降、水俣病患者・支援者と福島原発事故被害者との間のさまざまな交流が生まれる。

八　熊本県、明水園内に胎児性患者が親と一緒に短期入所できる家族棟「ぬくもりの家潮風」を建設。

●二〇一二年

四　ほたるの家、日中活動の拠点として「遠見の家」を開設。

明水園、児童福祉法の一部改正に伴い重症心身障害児（者）施設から、障害者自立支援法に基づく障害福祉サービス事業所（療養介護）となる。これに伴い入所の要件が、認定患者でありかつ障害程度区分五以上の者となった。

六・一一　原田正純医師（熊本学園大学）逝去。享年七七歳。

七・三一　特措法による救済受付終了。

●二〇一三年

四・一六　最高裁、溝口訴訟で県の上告を棄却し故溝口チエの認定義務付けを確定。また同日、F氏六・二〇 認定義務付け行政訴訟（二〇〇七年五月一六日大阪地裁提訴）、原告が敗訴した二〇一二年の大阪高裁判決を破棄、高裁差し戻し。熊本県は上告を取り下げ。両判決で「単独症状でも認定の余地」「疫学を活用」と判示。

一〇・〇七 水俣病不知火患者会の会員のうち、特措法で救済されなかった四八人が、国・県・チッソに一人四五〇万円の賠償を求め熊本地裁に提訴。

一〇・〇七～一一 水銀に関する水俣条約及び外交会議が熊本市及び水俣市で開催。最終議定書は一〇日全会一致で採択され、同日午後の署名式では九二カ国（含EU）が条約に署名する。

一〇・二七 天皇、皇后両陛下「全国豊かな海づくり大会」に臨席するため水俣初訪問。稚魚を放流し、資料館の語り部らと交流。

一〇・三〇 環境省の公害健康被害補償不服審査会、熊本県に水俣病の認定申請を棄却された下田良雄の棄却処分を取り消す裁決。一一月認定。公健法施行以降、不服審査会が複数症状を認められない人を水俣病とする裁決を出したのは初めて。

●二〇一四年

三・〇七 環境省「公害健康被害の補償等に関する法律に基づく水俣病の認定における総合的検討について」、いわゆる「新通知」（資料J）を通知。認定にあたって、魚介類の多食・入手方法・有機水銀の体内濃度・居住歴・家族歴・職業歴等の確認を求める。佐藤英樹（水俣病被害者互助会会長）、二〇一三年の最高裁判決からの逆行を問い、新通知差し止めを求める訴訟を提起。のち東京地裁・高裁とも内容審議を避けて請求棄却、判決確定。

三・二〇 関西訴訟で勝訴しチッソから賠償金を受け取った川上敏行（原告団長）、公健法による県からの補償給付を求めて提訴（障害費義務付け訴訟）。熊本地裁敗訴・福岡高裁勝訴を経て、二〇一七年九月最高裁が請求棄却判決。

五・一六　佐藤英樹（水俣病被害者互助会会長）、水俣病はメチル水銀に汚染された魚介類による食中毒であり、食品衛生法に基づく住民の健康調査をしないのは違法として、調査の義務付けを国・県に求め東京地裁に提訴。二〇一六年一月、具体的な審議に入らず訴えを棄却。

六・一九　超党派の「水俣病被害者とともに歩む国会議員連絡会」発足。

七・〇八　ほっとはうす、ケアホーム「おるげ・のあ」を竣工。

八・二九　環境省、特措法に基づく水俣病被害者救済申請の審査結果を公表。熊本・鹿児島両県で四万五九三三人が申請し、三万六三六一人が救済対象となる。申請者は新潟を含む三県で計六万五一五一人。

一二・二〇　関西訴訟勝訴原告でのち公健法認定を受けるもチッソが補償協定調印拒否した患者（現在故人）二名が、協定締結の地位確認を求めて熊本地裁に提訴。二〇一七年大阪地裁勝訴するも、二〇一八年大阪高裁、最高裁敗訴。

●二〇一五年

五・三一　新潟水俣病、公式確認から五〇年。

八　県、特措法救済指定地域外の受給対象者が三七六一人と発表。

九・〇七　津田敏秀岡山大学教授、食品衛生法による住民調査義務付けを求め提訴。同旨の佐藤英樹訴訟を継承。二〇一六年一月東京地裁、二〇一七年七月東京高裁請求棄却。

●二〇一六年

二・〇二　日本政府、「水銀に関する水俣条約」を批准。

四・一四　熊本地震発生、水俣では最大で震度五弱を記録。地震後、県は水俣湾埋立地の鋼矢板セルなどを調査し「異常なし」とするも、経年劣化に伴う腐食が懸念される。

五・〇一	水俣病公式確認から六〇年。これを機に患者団体が共同行動、住民健康調査の署名を展開。水俣病犠牲者慰霊式は熊本地震の影響を受けて一〇月二九日に開催。
	●二〇一七年
二・一一	**胎児性患者を中心とする「若かった患者の会」企画・運営による「石川さゆりコンサート」が三九年ぶりに水俣市で開催される。**
五・一八	「水銀に関する水俣条約」が批准五〇ヶ国に達し発効。
九・二四	胎児生患者の坂本しのぶがジュネーブで開催された第一回条約締約国会議に参加、「水俣病は終わっていません。水銀のことをちゃんとしてください」と訴える。
	●二〇一八年
二・一〇	石牟礼道子逝去。享年九〇歳。
五・〇一	チッソの後藤舜吉社長、水俣病犠牲者慰霊式後に「異論はあるかもしれないが、私としては救済は終わっている」と発言。患者団体などの抗議によりその後撤回、同年一二月社長を辞任。

●参照資料

水俣病資料館『水俣病関係年表』〈https://minamata195651.jp/pdf/kyoukun_2015/kyoukun2015_12nenpyou.pdf〉（二〇一九年五月二二日取得）。

水俣病センター相思社「水俣病関連詳細年表」〈http://www.soshisha.org/jp/about_md/

chronological _table〉（二〇一九年五月二二日取得）。

川本輝夫／久保田好生・阿部浩・平田三佐子・高倉史朗編（二〇〇六）『水俣病誌』世織書房、六九七～七三六頁。

花田昌宣・久保田好生編（二〇一七）『いま何が問われているか――水俣病の歴史と現在』くんぷる、二三九～二五二頁。

引用・参考文献（アルファベット順）

「青い芝の会」神奈川県連合会編（一九八九）『あゆみ（上）自第一号〜至第二六号――「青い芝の会」神奈川県連合会報 創立三〇周年記念号』（非売品）。

安積純子・岡原正幸・尾中文哉・立岩真也（一九九五）『生の技法――家と施設を出て暮らす障害者の社会学（増補改訂版）』藤原書店。

浅岡美恵・木野茂・原田正純・丸山徳次（二〇〇四）「環境問題をどこから考えるか」丸山徳次編『岩波応用倫理学講義2　環境』岩波書店、二二九〜二六三頁。

淡路剛久（一九七五）『公害賠償の理論』有斐閣。

Catton、William R. and Riely E. Dunlap, 1978, "Environmental Sociology : a New Paradigm," *The American Sociologist*, pp.41-49.

土井陸雄（二〇〇二）「胎児性水俣病患者の症状悪化に関する緊急提言――早急に公害被害者の健康追跡調査を」『日本公衆衛生雑誌』四九（二）、日本公衆衛生学会、七三〜七五頁。

Dunlap, Riley E., 2011, Riely Dunlap : "The Ecopsychology Interview," *Ecopsychology 3* (4), pp.219-226.

舩橋晴俊（一九九九）「公害問題研究の視点と方法——加害・被害・問題解決」『環境社会学入門——環境問題研究の理論と方法』文化書房博文社、九一～一二四頁。

——（二〇一二）『社会学をいかに学ぶか』弘文堂。

——（二〇一四）「飯島伸子——環境社会学のパイオニア」宮本憲一・淡路剛久編『公害・環境研究のパイオニアたち——公害研究委員会の五〇年』岩波書店、一八三～二〇〇頁。

後藤孝典（一九九五）『ドキュメント「水俣病事件」一八七三～一九九五　沈黙と爆発』集英社。

花田昌宣（二〇〇五）「水俣の負の遺産とその展開——五〇年後の水俣病事件」『部落解放研究くまもと』五〇、熊本県部落解放研究会、三～一七頁。

花田春兆（一九六三）「お任せしましょう水上さん」『しののめ』五一、しののめ発行所、七八～八五頁。

原田正純（一九七二）『水俣病』岩波書店。

——（一九八五）『水俣病は終わっていない』岩波書店。

——（一九八六ａ）「救済を遅らすものは何か——水俣病問題の現況」『思想の科学　第7次』七八、思想の科学社、二二～三一頁。

——（一九八六ｂ）「公害被害者福祉——補償給付と福祉対策」『ジュリスト　増刊総合特集　四一号　転換期の福祉問題』有斐閣、二二四～二二五頁。

——（一九九四）「地域社会と生活福祉——水俣病における救済問題より」一番ヶ瀬康子・尾崎新編著『講座生活学第七号　生活福祉論』光生館、四八～八二頁。

——（一九九六）『胎児からのメッセージ——水俣・ヒロシマ・ベトナムから』実教出版。

――（一九九九）「水俣病における専門家の責任」『水俣病裁判 全史〈第二巻〉責任編』日本評論社、三一～二一二頁。

――（二〇〇七）『水俣への回帰』日本評論社。

――（二〇〇九）『宝子たち――胎児性水俣病に学んだ五〇年』弦書房。

――（二〇一一）「水俣病と水銀条約」『廃棄物資源循環学会誌』二二（五）、三三七～三四三頁。

――（二〇一二a）「いま、水俣学が示唆すること」『科学』八二（一）、岩波書店、六八～七二頁。

――（二〇一二b）「水俣病の差別と共生」堀正嗣編著『共生の障害学――排除と隔離を超えて』明石書店、二二六～二五二頁。

――・田尻雅美（二〇〇九）「小児性・胎児性水俣病に関する臨床疫学的研究――メチル水銀汚染が胎児および幼児に及ぼす影響に関する考察」『社会関係研究』一四（一）、熊本学園大学社会関係学会『社会関係研究』編集委員会、一～六六頁。

――・小野達也（二〇一二）「水俣病問題と向き合い続けて」『地域福祉研究』四〇、日本生命済生会社会事業局、八九～一〇一頁。

原田利恵（一九九七）「水俣病患者第二世代のアイデンティティ――水俣病を語り始めた『奇病の子』の生活史より」『環境社会学研究』三、新曜社、二一三～二二八頁。

長谷川公一（一九九六）「小特集の言葉 環境社会学のフィールド――〈現場〉から学ぶ」『環境社会学研究』二、新曜社、四頁。

――（二〇〇四）「リスク社会という時代認識」『思想』九六三、岩波書店、六～一五頁。

――（二〇一〇）「環境社会学」日本社会学会社会学事典刊行委員会編『社会学事典』丸善出版、七六二～

七六三頁。

日高六郎（一九八〇）『戦後思想を考える』岩波書店。

――――・後藤孝典・柳田耕一（一九八八）「水俣大学の可能性」『月刊自治研』三〇（九）、自治研中央推進委員会事務局、七八～八七頁。

東島大（二〇一〇）『なぜ水俣病問題は解決できないのか』弦書房。

――――（二〇一四）「水俣病認定基準新通知について」『水俣学通信』三六、熊本学園大学水俣学研究センター、三頁。

本多創史（二〇一二）「再帰する優生思想」赤坂憲雄・小熊英二編著『「辺境」からはじまる――東京／東北論』明石書店、八九～一二二頁。

堀正嗣（二〇一〇）「開催趣旨（特集 スティグマの障害学――水俣病、ハンセン病と障害学――障害学第五回大会から）」『障害学研究』六、明石書店、六～一〇頁。

堀智久（二〇一四）『障害学のアイデンティティ――日本における障害者運動の歴史から』生活書院。

堀川三郎（一九九六）「公害・環境問題と環境社会学――熊本水俣病を事例に」霜野壽亮・関根政美編『社会学入門』弘文堂、二一七～二四〇頁。

――――（一九九九）「戦後日本の社会学的環境問題研究の軌跡――環境社会学の制度化と今後の課題」『環境社会学研究』五、新曜社、一九二～二一〇頁。

――――（二〇一二）「環境社会学にとって『被害』とは何か――ポスト三・一一の環境社会学を考えるための一素材として」『環境社会学研究』一八、有斐閣、五～二六頁。

星加良司（二〇一二）「当事者をめぐる揺らぎ――『当事者主権』を再考する」『支援』二、生活書院、一〇～

二八頁。

――（二〇一三）「社会モデルの分岐点――実践性は諸刃の剣？」川越敏司・川島聡・星加良司編『障害学のリハビリテーション――障害の社会モデルその射程と限界』生活書院、二〇～四〇頁。

堀田恭子（二〇〇二）『新潟水俣病問題の受容と克服』東信堂。

市野川容孝（一九九九）「優生思想の系譜」石川准・長瀬修編著『障害学への招待――社会、文化、ディスアビリティ』明石書店、一二七～一五七頁。

――（二〇〇〇）「ケアの社会化をめぐって」『現代思想』二八（四）、青土社、一一四～一二五頁。

――（二〇〇七）「障害学という試みと私」『UP』三六（九）、東京大学出版会、三三～三八頁。

――（二〇一〇）「討論（特集 スティグマの障害学――水俣病、ハンセン病と障害学――障害学第五回大会から）」『障害学研究』六、明石書店、三四～三八頁。

――・立岩真也（一九九八）「障害者運動から見えてくるもの」『現代思想』二六（二）、青土社、二五八～二八五頁。

一瀬文秀（二〇一七）『潮谷義子聞き書き――命を愛する』西日本新聞社。

飯島伸子（一九七〇）「産業公害と住民運動――水俣病問題を中心に」『社会学評論』二一（一）、有斐閣、二五～四六頁。

――（一九八四）『環境問題と被害者運動』学文社。

――（一九九四a）「序文」飯島伸子編『環境社会学』有斐閣、一～八頁。

――（一九九四b）「環境問題と被害のメカニズム」飯島伸子編『環境社会学』有斐閣、八一～一〇〇頁。

――（一九九四c）「環境問題の社会学的研究――その軌跡と今後の展望」飯島伸子編『環境社会学』有斐

閣、二一三～二三二頁。

――――（一九九四d）「新潟水俣病未認定患者の被害について――社会学的調査からの報告」『環境と公害』二四（二）、岩波書店、五九～六四頁。

――――（二〇〇一）「環境社会学の成立と発展」飯島伸子・鳥越皓之・長谷川公一・舩橋晴俊編『環境社会学の視点　講座環境社会学1』有斐閣、一～二八頁。

――――・舩橋晴俊（二〇〇六）「はしがき」飯島伸子・舩橋晴俊編『新潟水俣病――加害と被害の社会学』東信堂、三～五頁。

石田雄（一九八一）『「周辺から」の思考――多様な文化との対話を求めて』田端書房。

――――（一九八三）「水俣における抑圧と差別の構」色川大吉編『水俣の啓示――不知火海総合調査報告（上）』筑摩書房、三九～九〇頁。

――――（一九八四）『日本の社会科学』東京大学出版会。

石島健太郎（二〇一五）「障害者介助におけるコンフリクトの顕在化――介助者間の相互行為に注目して」『社会学評論』六六（二）、有斐閣、二九五～三一二頁。

石川達三・戸川エマ・小林提樹・水上勉・仁木悦子（一九六三）「誌上裁判　奇形児は殺されるべきか」『婦人公論』四八（二）、中央公論社、一二四～一三一頁。

石牟礼道子（一九六九＝二〇〇四）『苦海浄土』講談社。

――――編（一九七四）『天の病む――実録水俣病闘争』葦書房。

板倉宏（一九六三）「奇形児殺害の当罰性――サリドマイドベビー殺害無罪判決に対する世論調査を中心に」『ジュリスト』二七八、有斐閣、三九～四四頁。

加賀田清子・金子雄二・松永幸一郎・長井勇・永本賢二（協力＝加藤たけ子）（二〇〇六）「〈座談会〉胎児性患者からのメッセージ――花が綺麗と思えるようになった」『環』二五、藤原書店、一一八～一四〇頁。

金刺順一（一九八六）「希望からは程遠いが」『思想の科学　第七次』七八、思想の科学社、七五～七六頁。

環境省（二〇〇六）『環境白書（平成一八年度版）』ぎょうせい。

加藤たけ子（二〇〇六）「『水俣病患者』を超えて――『ほっとはうす』がめざすこと」『環』二五、藤原書店、一四一～一五五頁。

――（二〇一一）「在宅患者の介護支援を担う　NPO法人『はまちどり』発足」『季刊水俣支援東京ニュース』五七、東京・水俣病を告発する会、一六～一七頁。

――・小峯光男編（二〇〇二）『水俣・ほっとはうすにあつまれ！――働く場そしてコミュニティライフのサポートへ』世織書房。

川本輝夫（一九七九）「患者からみた水俣病医学――水俣病被害者の二〇年の歴史」有馬澄雄編『水俣病――二〇年の研究と今日の課題』青林舎、七一五～七三四頁。

川本輝夫（久保田好生・阿部浩・平田三佐子・高倉史朗編）（二〇〇六）『水俣病誌』世織書房。

小林繁（一九九一）「仮託としての〝水俣〟――水俣病闘争にみる自治と共生の思想」社会教育基礎理論研究会編『叢書　生涯学習一〇　生活世界の対話的創造』雄松堂出版、一二五～一七七頁。

公害薬害職業病補償研究会（二〇〇九）『公害薬害職業病被害者補償・救済の改善を目指して　制度比較レポート　第一集』東京経済大学学術研究センター〈http://www.einap.org/jec/jec_old/committee/hoshoken/report110830.pdf〉二〇一七年一〇月六日取得）。

――（二〇一五）『公害薬害職業病被害者補償・救済の改善を目指して　制度比較レポート　第3集』公害薬

害職業病補償研究会（非売品）。

小島敏郎（一九九六）「水俣病問題の政治解決」『ジュリスト』一〇八八、有斐閣、五～一一頁。

――――（一九九七）「水俣病問題政治解決についての考察」『環境と公害』二六（三）、岩波書店、四二～四七頁。

久保田好生（二〇一七）「二〇〇〇年代以降の経過と未認定問題」花田昌宣・久保田好生編『いま何が問われているか――水俣病の歴史と現在』くんぷる。

倉本智明（一九九九）「異形のパラドックス――青い芝・ドッグレッグス・劇団態変」石川准・長瀬修編著『障害学への招待――社会、文化、ディスアビリティ』明石書店、一一九～一五五頁。

栗原彬（一九八六）「相対の領域へ――『水俣病がある』ということ」『思想の科学　第7次』七八、思想の科学社、六～一二頁。

――――（一九八八）「共生環境とは何か――環境社会学のために」水俣大学を創る会編『共生への模索――水俣大学構想』二期出版、一六～三八頁。

――――（一九九三）「共生環境の条件」立教大学栗原ゼミナール&フォーラム「環境と生命」'92実行委員会『シリーズ〈時の停車場〉1　共生を求めて』世織書房、一～二三頁。

――――（一九九六）「差別とまなざし」栗原彬編『講座　差別の社会学　日本社会の差別構造』弘文堂、一三～二七頁。

――――（二〇〇〇）「死者と生者のほとりから――水俣病者が語るということ」栗原彬編『証言 水俣病』岩波書店、一～二六頁。

――――（二〇〇五）『「存在の現れ」の政治――水俣病という思想』以文社。

――――（二〇〇八）「歴史の中における問い――栗原彬先生に聞く」立命館大学グローバルCOEプログラム「生存学」創成拠点『生存学研究センター報告　「時空から／へ――水俣／アフリカ…を語る 栗原彬・稲葉雅紀」』立命館大学せんゾン学研究センター〔非売品〕。

Lidskog, Rolf, Mol, Arthur P.J. and Oosterveer, Peter. 2015, "Towards a global environmental sociology? Legacies, trends and future decisions," *Current Sociology* 63, (3), pp.339‐368.

前田拓也（二〇〇六）「介助者のリアリティへ――身体障害者の自立生活と介助者のリアリティ」『社会学評論』五七（三）、有斐閣、四五六〜四七五頁。

松原洋子（二〇〇〇）「日本――戦後の優生保護法という名の断種法」米本昌平・橳島次郎・松原洋子・市野川容孝『優生学と人間社会――生命科学の世紀はどこへ向かうのか』講談社、一六九〜二三六頁。

松村幸子・二階堂一枝・篠原裕子・菅原京子・花岡晋平（二〇〇三）「行政で働く保健師の新潟水俣病に対する活動の検証」『新潟青陵大学紀要』三、新潟青陵大学、一六一〜一八二頁。

水上勉（一九六三）「拝啓池田総理大臣殿」『中央公論』七八（六）、中央公論社、一二四〜一三四頁。

――――（一九七三）「偽文明への告発」宇井純編『自主講座「公害原論」第2学期4　公害被害者の論理』勁草書房、一二一〜一七六頁。

水俣病被害者・弁護団全国連絡会議編（一九九八）『水俣病裁判　全史〈第1巻〉総論編』日本評論社。

――――（二〇〇一）『水俣病裁判全史〈第4巻〉運動編』日本評論社。

水俣病患者連合会編（一九九八）『魚湧く海』葦書房。

水俣病患者連盟・水俣病認定申請患者協議会（一九七八）「水俣病被害の復権補償、恒久対策に関する要求」『季刊　不知火――いま水俣は』七、季刊不知火編集室、一一〜一六頁。

水俣病研究会（一九七〇）『水俣病に対する企業の責任――チッソの不法行為』水俣病を告発する会〔非売品〕。

――（一九九六）『水俣病事件資料集――一九二六～一九六八』葦書房。

水俣病問題に係る懇談会（二〇〇六）『「水俣病問題に係る懇談会」提言書』〈http://www.env.go.jp/council/toshin/t26~h1813/honbun.pdf〉二〇一七年一二月一九日取得）。

水俣病センター相思社編（二〇〇四）『もう一つのこの世をめざして――水俣病センター相思社三〇年の記録』（財）水俣病センター相思社。

水俣大学を創る会編（一九八八）『共生への模索――水俣大学構想』二期出版。

水俣市史編さん委員会編（一九九一）『新水俣市史　下巻』ぎょうせい。

三田村猛司（一九七七）「俺ァ生きたかった――部落の端にしがみついても」『季刊　不知火――いま水俣は』六、季刊不知火編集室、一六～三四頁。

御手洗鯛右（二〇〇〇）『命　限りある日まで――水俣病・障害との闘い』葦書房。

宮本清香・松本美由紀（二〇〇〇）「水俣病患者のQOL向上に関する一考察」『保健婦雑誌』五六（八）、医学書院、六八〇～六八四頁。

宮本憲一（一九九四）「水俣と向き合う」宮本憲一編『水俣レクイエム』岩波書店、一一五～一九二頁。

宮澤信雄（二〇〇七）『水俣病事件と認定制度』熊本日日新聞社。

森枝敏郎（二〇一六）「水俣病被害者と地域の福祉――差別・排除から地域共生社会へ」『ヒューマンライツ』三三八、部落解放・人権研究所、一〇～一八頁。

森久聡（二〇一三）「環境社会学における労働災害研究の現代的意義と可能性――三池炭じん爆発CO中毒事故の飯島伸子調査データの二次分析から」『環境社会学研究』一九、有斐閣、八〇～九五頁。

森下直紀（二〇一三）「水俣病事件の障害学――『住民手帳』という実践モデルについて」川端美季・吉田幸恵・李旭編『障害学国際セミナー二〇一二――日本と韓国における障害と病をめぐる議論』生活書院、三一九～三二七頁。

森岡正博（二〇一一）『生命学に何ができるか――脳死・フェミニズム・優生思想』勁草書房。

永野三智・原田正純（二〇一八）「水俣病患者とは誰か」永野三智『みる、やっとの思いで坂をのぼる――水俣病患者相談の今』ころから、一五三～一六四頁。

日本弁護士連合会（二〇一三）『～水俣病は終わっていない～すべての水俣病被害者の全面救済を求めるシンンポジウム（二〇一三年六月一日）報告集』〈http://www.nichibenren.or.jp/library/ja/committee/list/data/130601_minamata_report_01.pdf〉二〇一七年一〇月五日取得）。

中西正司・上野千鶴子（二〇〇三）『当事者主権』岩波書店。

新潟県（二〇一六）『新潟水俣病のあらまし〈平成二七年度改定〉』新潟県〈http://www.pref.niigata.lg.jp/HTML_article/129/984/00minamata-byo%20aramashi%20zenbu.pdf〉二〇一七年一一月二〇日取得）。

新潟水俣病共闘会議東京事務局（一九七二）『新潟水俣病裁判・判決全文』（非売品）。

西村一朗（一九七五）「水俣地域における健康環境づくりへの旅」『障害者問題研究』五、全国障害者問題研究会、二六～三七頁。

――（一九七七）「公害患者と生活空間保障――水俣病患者の場合を中心に」『建築と社会』五八（六）、日本建築協会、五〇～五三頁。

野辺明子（一九九三）『魔法の手の子どもたち――「先天異常」を生きる』太郎次郎社。

――（一九九六）「障害をめぐる差別構造」栗原彬編『講座　差別の社会学　日本社会の差別構造』弘文堂、

二五六～二七二頁。

野澤淳史（二〇一二）「公害被害者の抱える『公害被害の事後的リスク』とその補償のあり方――水俣病問題を事例として」『文学研究論集』三六、明治大学大学院、一四九～一五九頁。

緒方正人・栗原彬（二〇〇四）「水俣病を超えて――未来へ『課題責任』を背負う」『季刊　魂うつれ』一八、本願の会、八～二〇頁。

岡本民夫（一九七一）「水俣病問題と人権――社会福祉との関連」『社会福祉研究所報』二、熊本学園大学付属社会福祉研究所、一～一五頁。

――・光永輝雄（一九八〇）「水俣病問題と医療社会事業」内田守・岡本民夫編『医療福祉の研究』ミネルヴァ書房、三六二～三八三頁。

岡本達明（一九七八）「自由の蒼民――解説・漁民の世界」岡本達明編『近代民衆の記録7　漁民』新人物往来社、九～三二頁。

――（二〇一五a）『水俣病の民衆史　第三巻　闘争時代（上）』日本評論社。

――（二〇一五b）『水俣病の民衆史　第五巻　補償金時代　一九七三――二〇〇三』日本評論社。

――（二〇一五c）『水俣病の民衆史　第六巻　村の終わり』日本評論社。

奥田みのり（二〇一一）「水俣病『補償協定』の理念はどこ――症状悪化しても補償額不変」『週刊金曜日』八六八、金曜日、七～八頁。

――（二〇一七）『若槻菊枝　女の一生――新潟、新宿ノアノアから水俣へ』熊本日日新聞社出版。

小野達也（二〇〇五）「社会福祉と水俣病事件」原田正純編著『水俣学講義』日本評論社、一七三～一九五頁。

Pellow, D. N. and Brehm, H. N., 2013, "A environmental sociology for the twentieth-first century," *Annual*

Review of Sociology 39, pp.229-250.

斎藤恒（一九九六）『新潟水俣病』毎日新聞出版社。

関礼子（一九九五）「『関川水俣病』問題Ⅰ——新潟県におけるもうひとつの『水俣病』」『環境社会学研究』一、新曜社、一六一～一六九頁。

——（二〇〇三）『水俣病問題をめぐる制度・表象・地域』東信堂。

——（二〇〇五）「環境社会学の研究動向——二〇〇一年から二〇〇三年を中心に」『社会学評論』五五（四）、有斐閣、五一四～五二九頁。

先天性四肢障害児父母の会編（一九八四）『ぼくの手、おちゃわんタイプや——先天異常と子どもたち』三省堂。

社会福祉法人水俣市社会福祉事業団二〇周年誌編纂委員会（一九九二）『水俣市明水園二〇周年記念事業』社会福祉法人水俣市社会福祉事業団（非売品）。

塩田武史（二〇一三）『水俣な人——水俣病を支援した人びとの軌跡』未來社。

成元哲・牛島佳代・丸山定巳（二〇〇六）「［水俣病認定申請者調査④・最終回］補償格差と不公平感」『公衆衛生』七〇（五）、医学書院、三七七～三八〇頁。

杉野昭博（二〇〇五）「『障害』概念の脱構築——『障害』学会への期待」『障害学研究』一、明石書店、八～二一頁。

——（二〇〇七）『障害学——理論形成と射程』東京大学出版会。

田尻雅美（二〇〇九）「障害者としての胎児性水俣病患者」『水俣病研究』一、水俣病研究会、二七～三四頁。

——（二〇一三）「被害者補償・救済と福祉制度のはざまで困難を強いられる水俣病患者」『ピープルズ・プラン』六三、ピープルズ・プラン研究所、一〇〇～一〇五頁。

立岩真也（一九九五）「はやく・ゆっくり――自立生活運動の生成と展開」安積純子・岡原正幸・尾中文哉・立岩真也『生の技法――家と施設を出て暮らす障害者の社会学（増補改訂版）』藤原書店、一六五～二二六頁。

――（一九九九）「自己決定する自立――なにより、でないが、とても、大切なもの」石川准・長瀬修編『障害学への招待』明石書店、七九～一〇七頁。

寺田良一（二〇一〇）「環境リスク論と環境社会学」『明治大学心理社会学研究』六、明治大学文学部心理社会学科、五一～七一頁。

――（二〇一六）『環境リスク社会の到来と環境運動――環境的公正に向けた回復構造』晃洋書房。

富樫貞夫（二〇一七）『〈水俣病〉事件の六一年――未解明の現実を見すえて』弦書房。

徳臣晴比古・岡嶋透・山下昌洋・松井重雄（一九六二）「水俣病の疫学」『神経研究の進歩』七（二）、生活書院、二四～三七頁。

東京水俣病を告発する会（一九七一）『縮刷版　告発』（非売品）。

友澤悠季（二〇一四）『「問い」としての公害――環境社会学者・飯島伸子の思索』勁草書房。

津田敏秀（二〇〇四）『医学者は公害事件で何をしてきたのか』岩波書店。

内田守（一九六五）「水俣病の社会福祉的観点と公害法問題」『熊本短大論集』二九、熊本学園大学、二五～五〇頁。

内田義彦（一九七一）『社会認識の歩み』岩波書店。

植松正（一九六三）「奇形児の出生に関する女性の態度」『ジュリスト』二七八、三二～三八頁。

宇井純（一九六八）『公害の政治学――水俣病を追って』三省堂書店。

――（一九七一）『公害原論〈1〉』亜紀書房。

――――（一九九五）「環境社会学に期待するもの」『環境社会学研究』一、新曜社、九六～九九頁。

――――・鬼頭秀一（二〇〇六）「水俣に第三者はいない――水俣病公式発見五〇年に際して」藤林泰・宮内泰介・友澤悠季『宇井純セレクション1 原点としての水俣病』新泉社、二一三～二三一頁。

――――（二〇一四）「公害に第三者はいない」藤林泰・宮内泰介・友澤悠季編『宇井純セレクション［二］公害に第三者はいない』新泉社、三五～六九頁。

海野道郎（二〇〇一）「現代社会学と環境社会学を繋ぐもの――相互交流の現状と可能性」飯島伸子・鳥越皓之・長谷川公一・舩橋晴俊編『講座 環境社会学第一巻 環境社会学の視点』有斐閣、一五五～一八六頁。

浦崎貞子（二〇〇五）「ジェンダーの視点から見る新潟水俣病――『妊娠規制』『授乳禁止』の検証と考察」『現代社会文化研究』三四、新潟大学大学院現代社会文化研究科、一〇七～一二二頁。

渡辺栄一（一九七八）「若ものの旅かんそ記」『季刊 不知火――いま水俣は』七、季刊不知火編集室、四～九頁。

渡辺京二（二〇一七）『死民と日常――私の水俣病闘争』弦書房。

渡辺伸一（一九九五）「『関川水俣病』問題Ⅱ――被害状況と問題隠蔽の構造」『環境社会学研究』一、新曜社、一七〇～一七七頁。

渡邉拓（二〇一一）『介助者たちは、どういきていくのか――障害者の地域自立生活と介助という営み』生活書院。

除本理史（二〇〇七）『環境被害の責任と費用負担』有斐閣。

――――（二〇一〇）「水俣病補償・救済のゆくえ――特別措置法の問題点と課題を中心に」『環境と公害』四〇（二）、岩波書店、五九～六三頁。

――――・尾崎寛直（二〇一一）「水俣病特措法と環境・福祉対策の課題――水俣市及び水俣・芦北地域の再

生・振興の観点から」『東京経済大学会誌』二六九、東京経済大学、一六五～一九二頁。

横塚晃一（二〇〇七）『母よ！殺すな』生活書院。

頼藤貴志・入江佐織・加戸陽子・眞田敏（二〇一六）「水俣病における胎児期メチル水銀中毒――見過ごされてきた胎児du低・中濃度曝露による神経認知機能の影響」『環境と公害』四六（二）、岩波書店、五二～五八頁。

山田忠昭（一九九九）「『もやい直し』の現状と問題点」『水俣病研究』一、水俣病研究会、三一～四四頁。

吉田司（一九八七）『下下戦記』白水社。

あとがき

本書は二〇一四年に博士学位請求論文として明治大学に提出した『公害被害者の補償と保障に関する環境社会学的研究――胎児性・小児性水俣病患者の自立と支援の課題――』をもとに、その後日本学術振興会特別研究員として行った調査研究（二〇一五～二〇一七年度、特別研究奨励費、研究番号15J11822）を反映させているが、大幅に手を入れており、博論の原型はほぼ残っていない。

本書を書き終えるまでに多くの方々にお世話になった。

学部生から修士課程まで指導していただき、私を水俣へと導いてくださった栗原彬先生（立教大学名誉教授）、博士課程の指導教授である寺田良一先生、副査を務めていただいた平山満紀先生、藤川賢先生（明治学院大学）、そして学振の研究員として受け入れてくださった星加良司先生（東京大学）には学位取得やその後書籍にまとめ上げていく過程で多くの助言をいただいた。

私の研究は大学と現場を往復し続けることで成立している。現場でのさまざまな出会いがなければ、本書がこのような形でまとめられることはなかった。聞き取りに応じてくださった胎児性・小児性水俣病患者の方々に加えて、加藤たけ子氏（ほっとはうす）、谷洋一氏（ほたるの家）、太田清氏（はまちどり）の三名には特にお世話になった。また、第六章および「おわりに」で展開されている議論は、私が福島原発事故により避難を強いられた障害者の調査を進める中で繰り返し聞き取りを行った中手聖一氏（合同会社「うつくしま」／「避難の権利」を求める全国避難者の会共同代表）とのやりとりから多くの示唆をえている。

また、執筆の段階では水俣病をはじめとする公害事件の支援者から助言をえた。特に、私も参加している公害薬害職業病補償研究会の久保田好生氏（東京・水俣病を告発する会）、萩野直路氏（新潟水俣病第三次訴訟を支援する会事務局）、川俣修壽氏（ジャーナリスト）には水俣病の歴史的記述や補償制度、言葉の微妙な意味合いに関する助言をしていただいた。また、本書の水俣病被害補償制度に関する箇所はこの研究会の成果を参照している。桑原史成氏（写真家）には本書への写真使用をご快諾いただいた。

そして、本書は世織書房の伊藤晶宣氏から出版を提案していただき多くの助言をえながら完成した。

すべての人の名前や団体名をあげることはできないが、私の研究そして出版に協力していただいた方々に厚く御礼申し上げたい。

二〇二〇年五月一日

野澤淳史

人　名　索　引

事　項　索　引

【さ】

【た】

【な】

【は】

【ま】

【や】

【ら】

アルファベット

著者紹介
野澤淳史（のざわ・あつし）
1982年生まれ。明治大学大学院文学研究科修了。博士（人間学）。日本学術振興会特別研究員（PD）をへて、現在、東京大学大学院教育学研究員。
主な論文に、「福島第一原子力発電所をめぐるリスクと被害のありか——障害者が直面する介助者不足に焦点を当てて」(『環境社会学研究』20号、有斐閣、2014年)、「産業界の自主的取り組みという気候変動対策の意味」(長谷川公一・品田智美編『気候変動政策の社会学——日本は変われるのか』昭和堂、2016年）などがある。

胎児性水俣病患者たちはどう生きていくか
———〈被害と障害〉〈補償と福祉〉の間を問う

2020年7月17日　第1刷発行©

著　者	野澤淳史
カバー写真	桑原史成
装　幀	M. 冠着
発行者	伊藤晶宣
発行所	(株)世織書房
印刷所	新灯印刷(株)
製本所	協栄製本(株)

〒220-0042　神奈川県横浜市西区戸部町7丁目240番地 文教堂ビル
電話045(317)3176　振替00250-2-18694

落丁本・乱丁本はお取替いたします　Printed in Japan
ISBN978-4-86686-012-1